ベテラン講師がつくりました

オールカラー

世界一わかりやすい パソコン入門テキスト

JN052057

Windows 10 + Office 2019/2016対応版

川上恭子・岩垣悠 著

技術評論社

ご注意

ご購入・ご利用の前に必ずお読みください

本書の内容について

本書は、Windows 10が搭載されたパソコンで、Microsoft Office 2019または2016がインストール済みの環境に対応しています。また、インターネットに接続できる状態のパソコンでご利用ください。

本書に記載された内容は、情報の提供のみを目的としています。したがって、本書を用いた運用は、必ずお客様自身の責任と判断によっておこなってください。これらの情報の運用の結果について、技術評論社および著者はいかなる責任も負いません。

本書記載の情報は、2019年12月現在のものを掲載していますので、ご利用時には、変更されている場合もあります。

以上の注意事項をご承諾いただいた上で、本書をご利用願います。これらの注意事項をお読みいただかずに、お問い合わせいただいても、技術評論社および著者は対処しかねます。あらかじめ、ご承知おきください。

本書の執筆環境

本書の執筆環境は次の通りです。

OS：**Windows 10 Home**

アプリケーション：**Microsoft Office 2019**

なお、次の環境をもとに画面図を掲載しています。

画面解像度：**1280×768ピクセル**

テーマ：**Windows**

サンプルファイルについて

本書は学習に利用できるサンプルファイル（教材ファイル）を提供しています。
ご利用には、Office 2019/2016が必要です。
また、サンプルファイルの入手方法は、書籍中に記載しています。

なお、パソコン環境によっては、印刷時の改ページ位置などに違いが出ることがあります。
また、バージョンの違いにより、フォントなど一部表示が異なることがあります。

●Microsoft Windowsは、米国およびその他の国における米国Microsoft Corp.の登録商標です。
●Microsoft Office、Microsoft Edgeは、米国およびその他の国におけるMicrosoft Corp.の商品名称です。
●その他、本文中に現れる製品名などは、各発売元または開発メーカーの登録商標または製品です。なお本文中では、™ や ® は明記していません。

はじめに

パソコンが何台も並ぶ教室では、パソコンを以前から使っていて、ある程度はできる方から、使い慣れていない初心者の方まで、さまざまな方が学びに来ていらっしゃいます。

どのレベルの方であっても、「わかった！」「やった！」の声が聞けると、嬉しい気持ちになります。

しかし、忙しい現代において、誰もが教室に通えるとは限りません。そのような中で、以下のように思われることがあるかもしれません。

- 業務で使うことになったけれど、いきなり専門書から入るのはハードルが高い
- 急遽パソコン操作が必要になった
- パソコンスキルを身につけて、仕事に活かしたい
- 急にパソコンを使って書類を作らなくてはならない
- なんとなく使っているけど、基本的なことをきちんと理解して使いたい
- 仕事のためにパソコン操作をおぼえたい
- 地域の会で、ちょっとした写真や表の入った書類を作ることになった

本書は、そのようなWindowsの基本から、書類や写真などのファイルの扱い方をはじめ、Wordを使って文書を作り、Excelで作った表や、写真を貼り付けて書類を作り上げるまでの手順を、丁寧に解説しました。

ビジネスシーンでも、パーソナルな場面でも、必要とされる一連の操作について、語りかけるように書かれています。

手にとっていただいた方から、「そうか、こうすればいいんだ！」「できた！」の声が聞けましたら、これ以上の幸せはありません。

本書は入門書であり、最初に知っておいてほしい内容を効率よく学習できるように構成されています。「パソコンが使える」状態になると同時に、もっと知りたいことが出てくると予想されます。本書を入り口として、次のステップに進める書籍に手を伸ばしていただくきっかけになればと思います。

最後になりましたが、執筆の機会を与えてくださった株式会社技術評論社の神山真紀様をはじめ、製作にご苦労をおかけした書籍編集部の皆様方に心より感謝申し上げます。

2020年1月　筆者

目次

このテキストの使い方

テキストは、学習パートと練習問題にわかれています。学習パートでパソコンの基本知識や操作をおぼえてから、章末の練習問題にチャレンジしましょう。

学習パートについて

- まずはパソコンの基本的な知識や操作を学習しましょう。
- Chapter 7では、学習テーマとなるWord・Excelの機能を「ここでの学習ステップ」で確認できます。

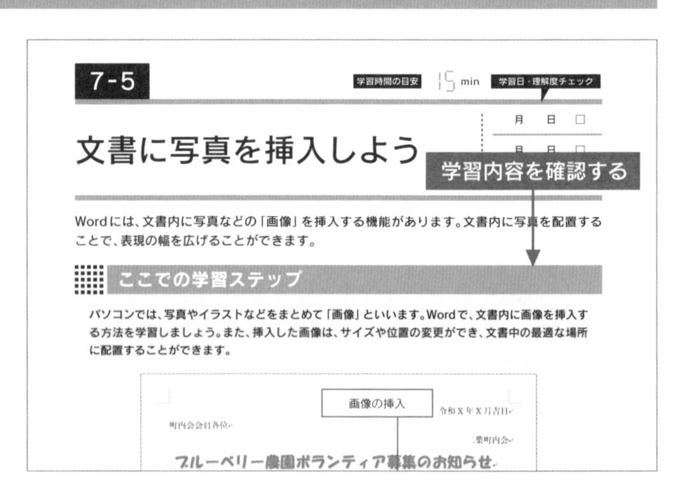

- 「やってみよう」のパートでは、実際にパソコンを操作しながら学びます。
- Chapter 5以降では、教材ファイルを使いながら操作方法を学ぶパートがあります。教材ファイルのダウンロードは、Chapter 4で行います。
- 本文で紹介した操作方法等に関連する情報として、「ここがポイント！」「知っておくと便利！」「ステップアップ！」を掲載しています。

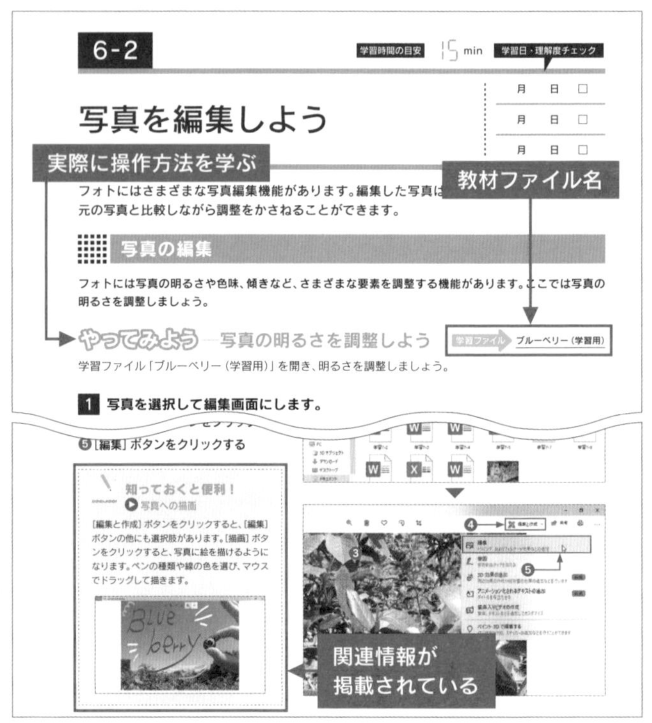

練習問題について

- 学習パートで学んだことが身についているか、練習問題にチャレンジして練習しましょう。与えられた設問を解いてください。問題によっては、教材ファイルを使用することがあります。
- 練習問題は、学習パートで学んだことが身についていれば、解答できる内容になっています。正解がわからない場合は、学習パートに戻って復習しましょう。

Chapter 6

学習日・理解度チェック

月 日 □
月 日 □
月 日 □

練習問題

練習6-1

フォトを使って写真を調整しましょう。

練習問題ファイル 練習6-1

❶「PCテキスト」の「練習問題」の「練習6-1」をダブルクリックし、フォトで開き編集モードにしましょう。

❷下記のように写真を調整しましょう。

ライト………… 30
色……………… 30
明瞭度………… 50
ふちどり……… -20

❸コピーを同じ名前で「保存用」フォルダーに保存しましょう。

完成例ファイル 練習6-1（完成）

画面の大きさとボタンの配置に注意しましょう

パソコンの「アプリ」に配置されているボタンは、画面の大きさによって、配置のしかたや形状が変化します。例えば下の図では、画面のサイズが大きくなると、[切り取り]、[コピー]、[書式のコピー/貼り付け] ボタンの名称が表示されるようになることがわかります。
本書では1280×768ピクセルの画面サイズで「アプリ」の画面を掲載しています。

画面サイズが小さいとき

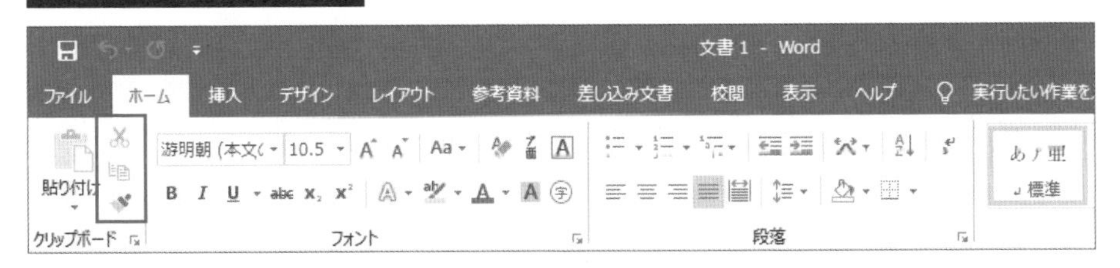

画面サイズが大きいとき

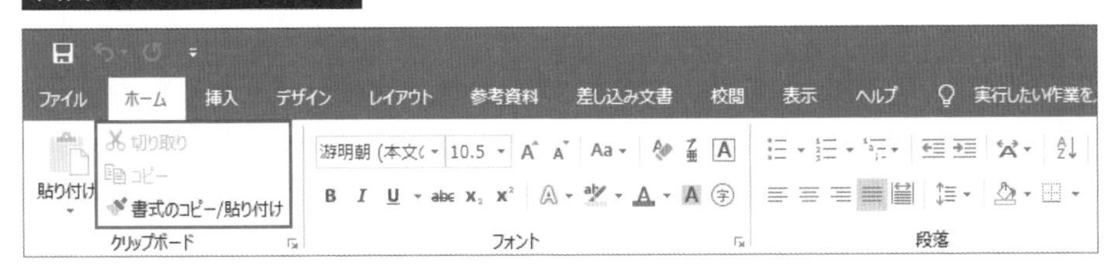

スキルチェックで効率的に学習

本書で学習する機能の一覧です。学習前に操作できる機能の「学習前」欄にチェックを付けましょう。
時間のある方は最初から順にすべての機能を学習しましょう。時間のない方はチェックが付いていない機能の該当項目を学習しましょう。
学習終了に操作ができる機能の「学習後」欄にチェックを付け、できないものは再び学習し、すべての機能を確実にマスターしましょう。

機　能	学習前	学習後	該当項目
● Windowsの基本操作			
パソコンを起動できる			1-3
デスクトップ画面の名称と構成がわかる			1-4
マウスの基本操作がわかる			1-5
スタートメニューの名称と構成がわかる			1-6
アプリの起動と終了ができる			1-7
エクスプローラーでパソコンの中身が表示できる			1-8
ウィンドウの基本操作ができる			1-9
パソコンを終了できる			1-10
● 文字の入力			
キーボードの構成がわかる			2-1
キーの打ち分けができる			2-1
入力モードを切り替えられる			2-2
アルファベットや数字を入力できる			2-3
ひらがなが入力できる			2-4
カタカナが入力できる			2-5
漢字が入力できる			2-6
文章を入力して変換できる			2-6
漢字を再変換できる			2-6
文字を削除して修正できる			2-6
文字を移動できる			2-7
文字をコピーできる			2-7
ファイルに名前を付けて保存できる			2-8
● ファイルの操作			
保存したファイルを確認できる			3-1
保存したファイルを開ける			3-1
ファイルを別の場所に移動できる			3-1
ファイルの名前を変更できる			3-1
ファイルをコピーできる			3-2
ファイルを削除できる			3-2
削除したファイルを元に戻せる			3-2
ゴミ箱を空にできる			3-2
ファイルをUSBメモリに送ることができる			3-2
フォルダーを開ける			3-3
新しいフォルダーを作成できる			3-3
フォルダー名を変更できる			3-3
ファイルを圧縮できる			3-4
圧縮したファイルを展開できる			3-4

機　能	学習前	学習後	該当項目
パソコンの中のファイルやフォルダーを検索できる			3-5
●インターネットの利用			
ブラウザーを起動できる			4-2
URLを入力してWebページを表示できる			4-2
リンク先のWebページを表示できる			4-2
キーワードに合致したWebページを表示できる			4-3
インターネットの地図を利用できる			4-4
インターネットで動画を見ることができる			4-5
よく見るWebページを「お気に入り」に登録できる			4-6
「お気に入り」に登録したWebページを見ることができる			4-6
Webページを印刷することができる			4-7
インターネット上のデータをダウンロードできる			4-8
パソコンのセキュリティを確認できる			4-9
● メールの利用			
Microsoftアカウントを設定できる			5-2
「Outlook」アプリにメールアドレスを設定できる			5-2
新規のメールを作成できる			5-3
メールを送信できる			5-3
受信したメールを確認できる			5-3
受信したメールに返信できる			5-4
メールにファイルを添付して送信できる			5-5
メールに添付されたファイルを開いて保存できる			5-5
不要なメールを削除できる			5-6
● 写真の管理			
写真をフォトにインポートできる			6-1
「フォト」アプリで写真を編集できる			6-2
パソコンに保存した写真を印刷できる			6-3
写真をOneDriveに保存できる			6-4
● Word・Excelの基本操作			
文字のサイズを変更できる			7-2
フォントを変更できる			7-2
ワードアートを利用できる			7-3
文字の配置を変更できる			7-4
インデントの設定ができる			7-4
文書に写真を挿入できる			7-5
画像のサイズを変更できる			7-5
画像を移動できる			7-5
Excelの表に文字や数値を入力できる			7-6
Excelの関数を利用して数値を合計できる			7-7
数式をコピーできる			7-7
作成した表に罫線が引ける			7-8
セルに塗りつぶしの色を設定できる			7-8
Wordの文書にExcelの表を挿入できる			7-9
Wordの文書を印刷できる			7-10

目的別に学習したい方へ

業務はもちろん、生活のさまざまなシーンで活用できる主な機能を、目的別にピックアップしました。ピンポイントで学びたい方は、該当するChapterを学習してください。

■文字の入力をしっかり覚えたい

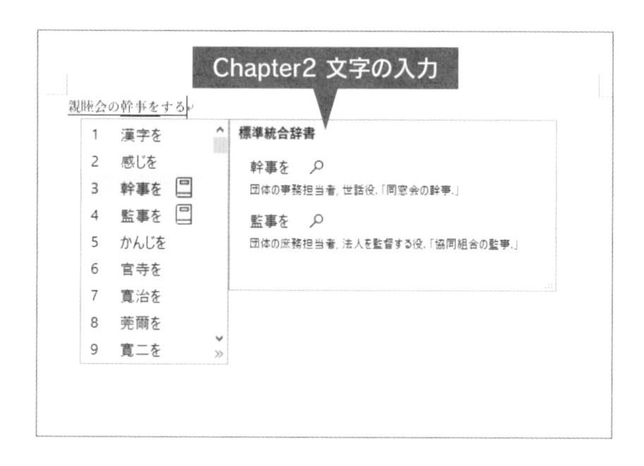

■インターネットを便利に使いたい

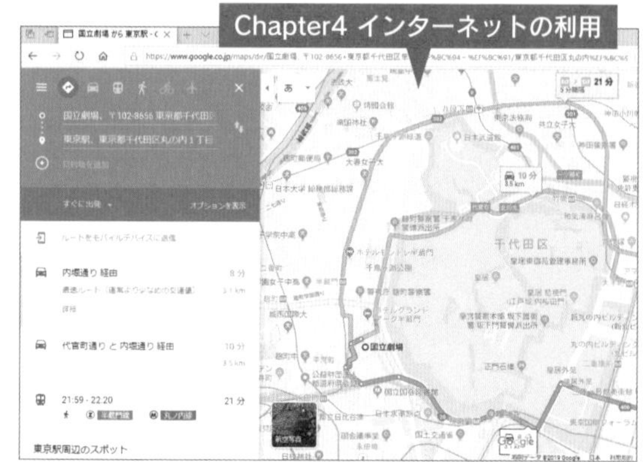

■メールの送受信をしたい

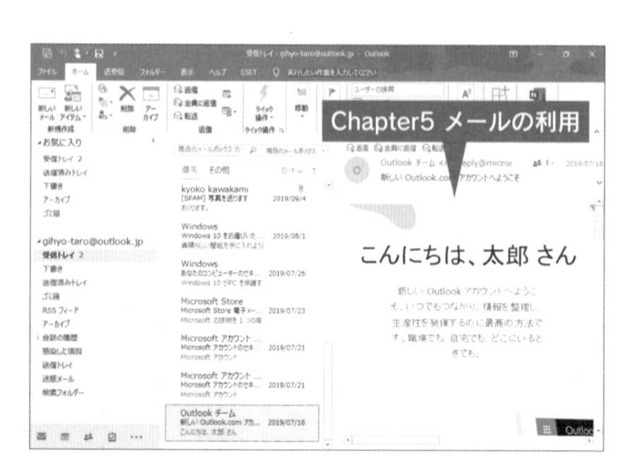

■写真を編集したい

■Wordでお知らせの文書を作成したい

■Excelで表を作成したい

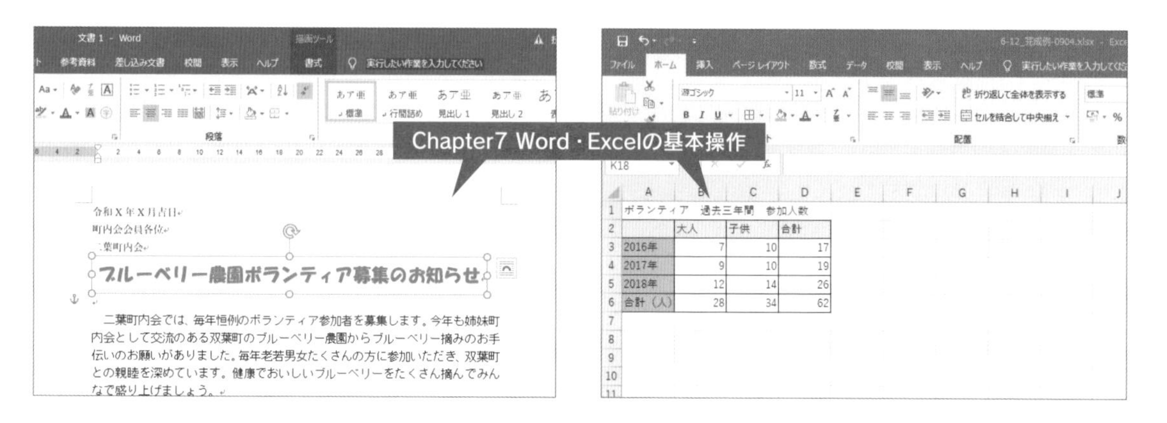

Chapter 1

Windowsの基本操作

パソコンの操作で基本となる概要を学びます。
また、アプリの起動や終了方法を把握して、表示されるウィンドウの操作方法を学習します。

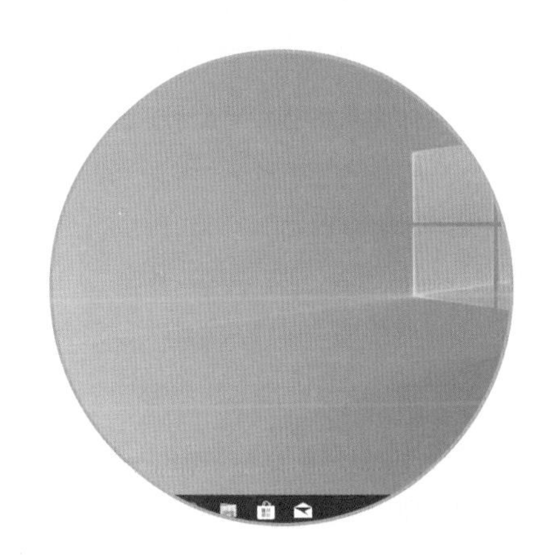

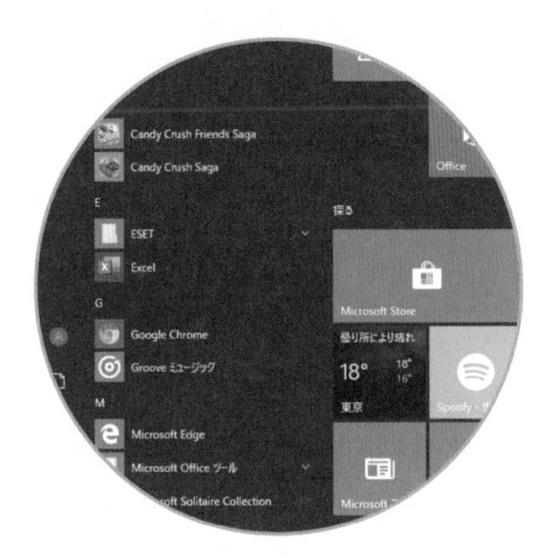

1-1 学習時間の目安 05 min 学習日・理解度チェック

月 日 □
月 日 □
月 日 □

パソコンでできること

パソコンを使ってできることは、実にたくさんあります。使う目的によって仕事や趣味など、あらゆる場面で活用することができます。

パソコンでできること

ビジネス文書を作成したり、音楽や動画を鑑賞したりできます。また、パソコンをインターネットに接続すると、Webページを見たりメールをやり取りしたりできます。

Webページを見る

Webページを閲覧して調べものをしたり、最新の天気やニュースを確認したりすることができます。
また、お店の情報を見ながら買い物をしたり、旅行やイベントのチケットを購入したりできます。
本書ではChapter 4で学習します。

メールをやり取りする

日本国内はもちろん、世界中の人たちにメールを送ったり受け取ったりできます。
メールには書類や写真などを一緒に送ることもできます。
本書ではChapter 5で学習します。

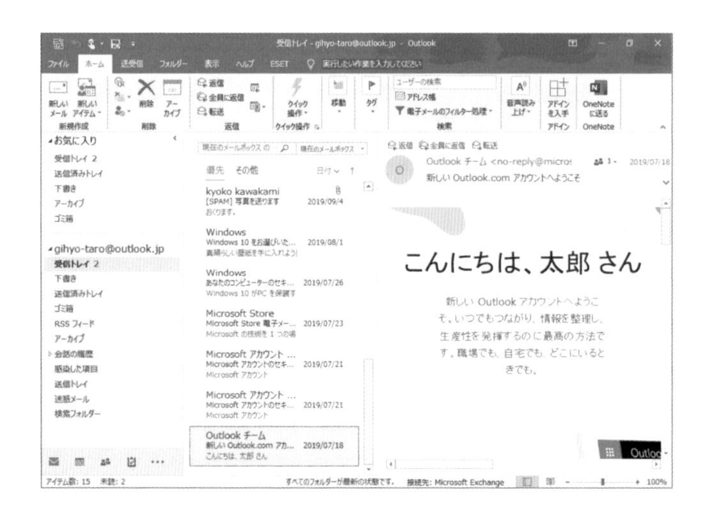

写真や動画を管理する

デジタルカメラやスマホで撮った写真、デジタルビデオカメラで撮ったビデオをパソコンに取り込むことができます。デジタル写真を見ることはもちろん、アルバムとして整理したり、編集したりすることもできます。
本書ではChapter 6で写真の管理方法を学習します。

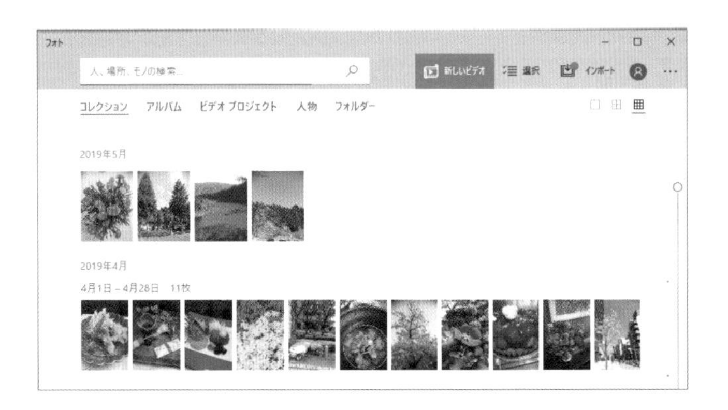

文書を作成する

ビジネス文書や論文、チラシ、議事録、年賀状など幅広く使われています。
作成した文書は保存することで、あとから修正したり、追加したり自由に編集することができます。
本書のではChapter7で文書作成の初歩を学習します。

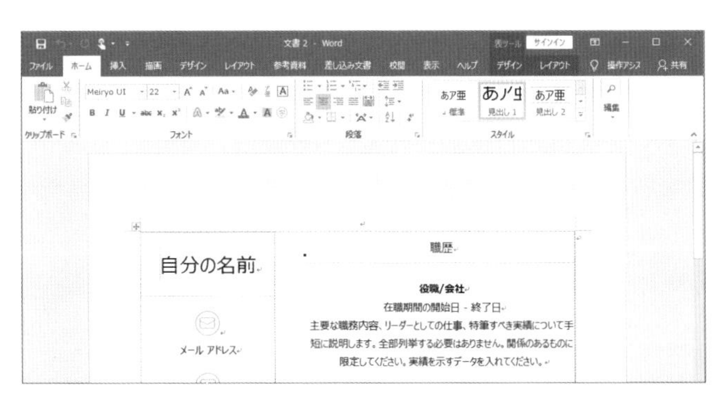

表でデータを整理する

データを入力して、計算結果を表示したり、グラフを作成したり、データの並べ替えや抽出などの処理ができます。見積書や名簿、家計簿などビジネスだけでなく生活の中でも活用されています。
本書ではChapter 7で表計算の初歩を学習します。

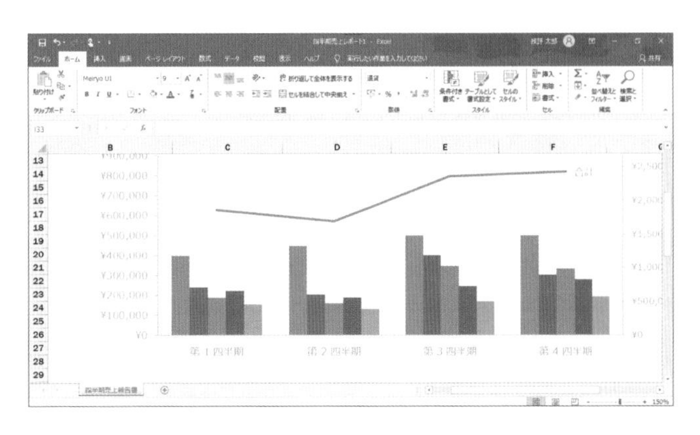

絵を描く

マウスを使って絵を描くことができます。2Dの線や図形はもちろんのこと、3Dも扱えるので奥行きを加えた立体図形を描くこともできます。
なお、本書では扱わない内容です。

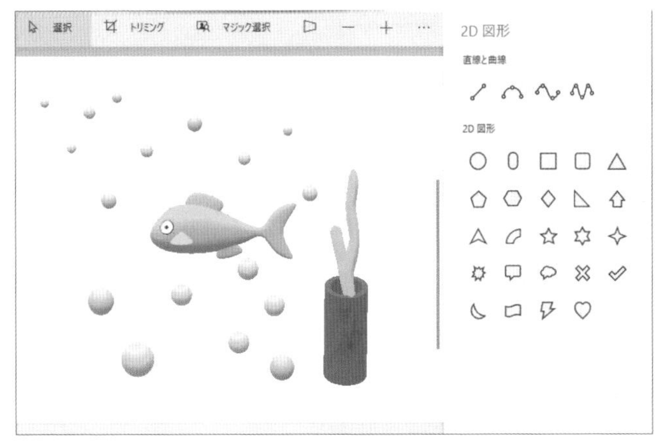

1-2

学習時間の目安 10 min　学習日・理解度チェック

パソコンの概要を理解しよう

月	日	□
月	日	□
月	日	□

パソコンは、手でさわることのできるハードウェアと、直接さわることができないソフトウェアから成り立っています。どちらもパソコンを動かすときに必要なものです。

パソコンの種類

パソコンの種類は、デスクトップパソコン、ノートパソコン、タブレット等があります。形や操作するやり方などが違いますが、基本的なしくみは同じです。

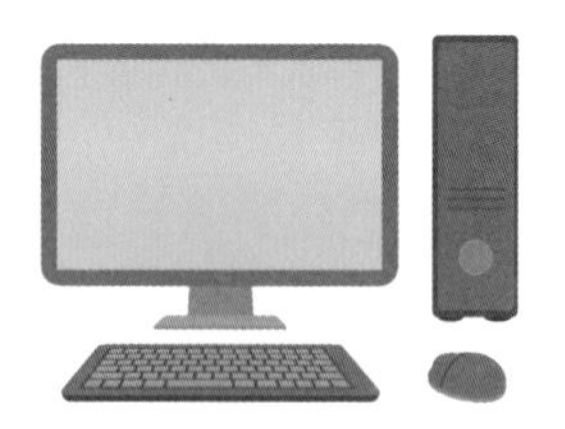

デスクトップパソコン
大きいので設置には一定のスペースが必要です。性能面で比較すると、ノートパソコンよりコストパフォーマンスがいいです。

ノートパソコン
持ち運びができます。バッテリーで動くので、電源が確保できない場所でも一定時間利用できます。

タブレット
板のような形をしたコンピュータで、コンパクトかつ軽量です。タッチパネル式の画面を指やペンでなぞって操作します。

ハードウェア

パソコンの本体やディスプレイ、マウス、キーボードといったパソコンを動かすために欠かすことのできない装置のことをいいます。

ディスプレイ
パソコン本体から伝えられた情報を、画像などの形式で表示する装置です。

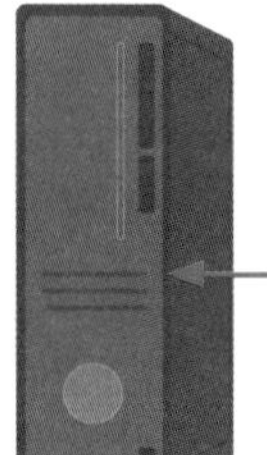

本体
マウスやキーボードからの操作内容が伝わると、処理や計算を行ったり、結果をディスプレイに伝えたりします。

キーボード
パソコンを操作するときに、主に文字や数字の情報を伝えるための装置です。

マウス
パソコンを操作するための装置のひとつです。

ソフトウェア

ソフトウェアとは、パソコンを動かすためのプログラムのことです。ハードウェアと対義語で使われ、ソフトウェアは目で見たりさわったりすることはできません。またソフトウェアはOSとアプリ（アプリケーションソフト）に分けることができます。

OS（オーエス）

Operating System（オペレーティングシステム）の略でパソコンを動かすためのソフトウェアで、基本ソフトとも呼ばれます。マウスやキーボードからの指示を受け取って、パソコン本体に伝えたりディスプレイに表示したりします。人間とパソコンを仲介するような働きをします。
Windows（ウィンドウズ）はMicrosoft（マイクロソフト）社が開発したOSです。

アプリ（アプリケーションソフト）

パソコンで何をするかはさまざまですが、目的に合った作業をするために使うのがアプリケーションソフトです。
アプリケーションソフトを略して「アプリ」と呼びます。一昔前はスマートフォンなどで使用するアプリケーションソフトを「アプリ」と呼んで、パソコンで使用するものと区別していましたが、次第にパソコンのアプリケーションソフトも「アプリ」と呼ばれるようになりました。
パソコンを使って、さまざまなことができるのは、多くのアプリが存在しているからです。パソコンには、あらかじめ用意されているアプリと、必要になったときにあとから追加できるアプリがあります。
パソコンにアプリを組み込んで使用できる状態にすることを「インストール」といいます。逆にパソコンからアプリを削除することを「アンインストール」といいます。

1-3

学習時間の目安 05 min　学習日・理解度チェック

月　日　□
月　日　□
月　日　□

パソコンを起動しよう

パソコンの電源を入れて使用できる状態にすることを「パソコンを起動する」または「パソコンを立ち上げる」などといいます。電源ボタンを押して使える状態にするのは、ほかの家電製品と同じです。

パソコンの起動

パソコンの電源ボタンを押して、パソコンを起動しましょう。最初にロック画面が表示されます。ロック画面をクリックすると、サインイン画面が表示されて、パスワードを入力します。

やってみよう―パソコンを起動する

パソコンの電源ボタンを押して、パソコンを起動しましょう。

1 ロック画面を表示します。

❶パソコンの電源ボタンを押す

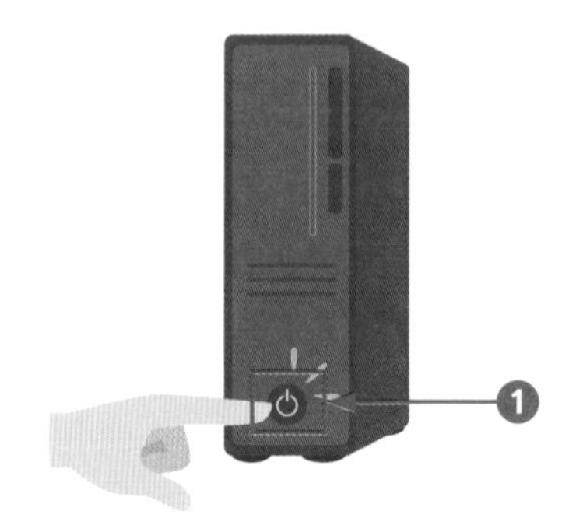

知っておくと便利！
▶電源ボタン

電源の位置はパソコンによって異なります。前面や上部、ノートパソコンの場合は側面に位置していることもあります。一般的に電源ボタンは⏻のマークで表されています。

2 サインイン画面を表示します。

❶どこでもいいのでクリックする

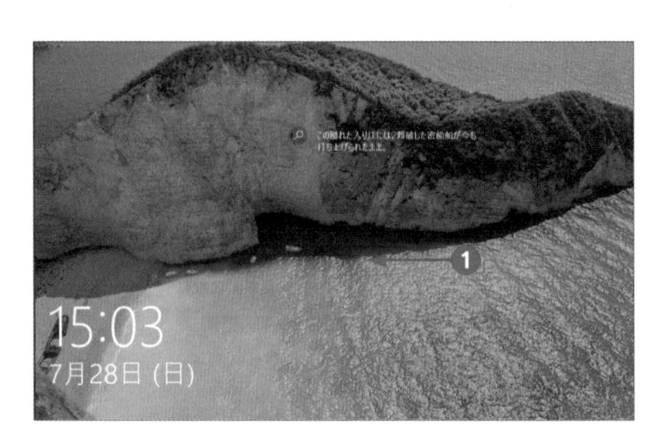

キーワード
▶ロック画面

ロック画面は、パソコンの電源を入れたときと、一定の時間作業をしないでいる場合に表示される画面です。作業中に席を離れたりすると、他人に勝手に使われてしまう恐れがあります。それを防ぐためにロック画面があります。

3 パスワードを入力します。

❶「パスワード」をクリックする

> **知っておくと便利！**
> ▶ アカウント
>
> パソコンを最初に使い始めたときに登録した名前が表示されます。
> アカウントには、通常、名前に対応する「パスワード」があります。このふたつで本人を確認するしくみです。

4 サインインします。

❶キーボードを使ってパスワードを入力する
❷ Enter キーを押す

> **知っておくと便利！**
> ▶ パスワードの入力
>
> あらかじめ登録しておいたパスワードを入力します。入力した文字は他人に見られてもわからないように●で表示されます。

5 パソコンが起動します。

❶パソコンが起動する
❷右のような画面が表示される

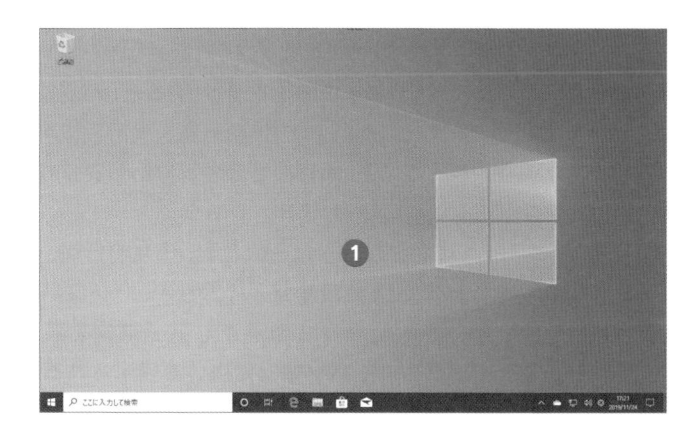

学習時間の目安 15 min 学習日・理解度チェック

デスクトップ画面を確認しよう

月	日	□
月	日	□
月	日	□

パソコンが起動して表示される画面を「デスクトップ」といいます。文字どおり「机の上」のイメージで、これから仕事や作業を行うデスクが表示された状態です。

デスクトップ画面の名称と役割

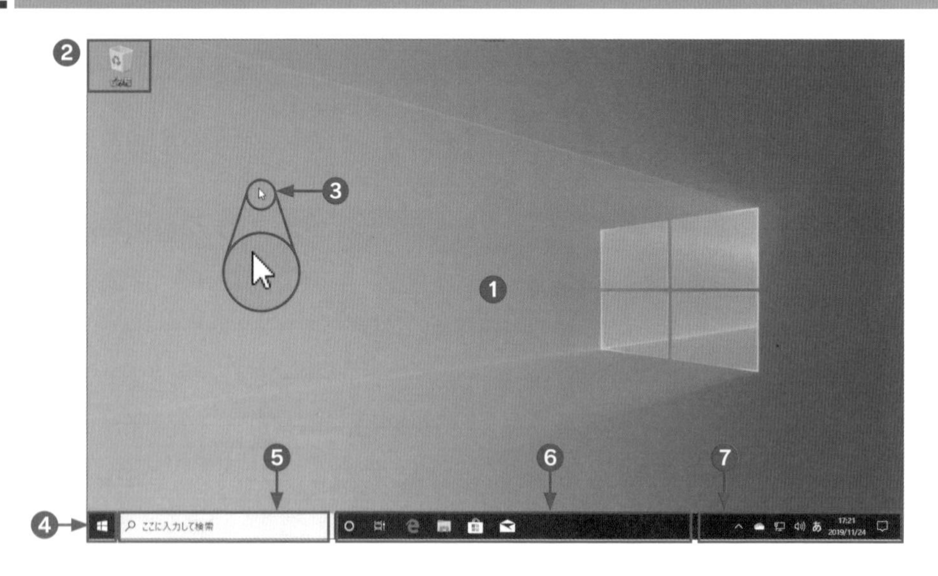

❶デスクトップ　パソコンを起動すると表示される基本の画面です。この画面から、目的の作業を始めます。

❷ごみ箱　不要になった「ファイル」等を削除すると、この中に入ります（→3-2）。

❸マウスポインター　「マウス」の動きに合わせて動きます（→1-5）。

❹［スタート］ボタン　さまざまなアプリを起動したり、パソコンの設定を変更したりするときに使います。

❺検索ボックス　キーワードを入力すると、パソコンの中のアプリやファイル、「Webページ」（→4-1）の検索一覧を表示します。

❻タスクバー　あらかじめ登録されているアプリや、現在使用しているアプリのアイコンが表示されます。

❼通知領域　スピーカーの音量、現在の日時、日本語入力のオン／オフなど、パソコンの状態を表すさまざまなアイコンを表示します。パソコンによって表示される内容が異なります。

キーワード
▶アイコン

アプリや「ファイル」などの内容を表すシンプルな絵のことです。パソコンの操作をするときに目印になります。

1-5

学習時間の目安 10 min　学習日・理解度チェック

月　日　□
月　日　□
月　日　□

マウスの基本操作をマスターしよう

「マウス」はパソコンに操作を伝えるための装置です。マウスを机の上で動かすと、その動きに合わせて、パソコンの画面に表示されているマウスポインターが動きます。この動きと「クリック」などの操作を組み合わせて、指示を伝えます。

マウスの操作

マウスのボタンは左右にひとつずつあり、それぞれ役割があります。たとえばマウスの左ボタンを1回押すと、パソコンに対して「クリック」の指示を出すことができます。

マウス

マウスは右手で包み込むように持ち、左ボタンの上に人差し指、右ボタンの中指をのせます。
中央のホイールは、人差し指で手前側、または向こう側に回して操作します。

知っておくと便利！
マウスの種類

マウスには、「USB」という規格でパソコンに接続して使用する有線のものと、無線で使用するものがあります。またボタンは、左右だけでなく側面などに複数ついているタイプもあります。本書では標準的なボタンのみ解説します。

クリック

左ボタンを人差し指で1回押して離す操作を「クリック」といいます。「クリック」はカチッという音を出すという意味があります。

ダブルクリック

左ボタンを押して離す動作をすばやく2回続けます。
「フォルダー」を開いたり、ファイルを開いたりするときに使います。

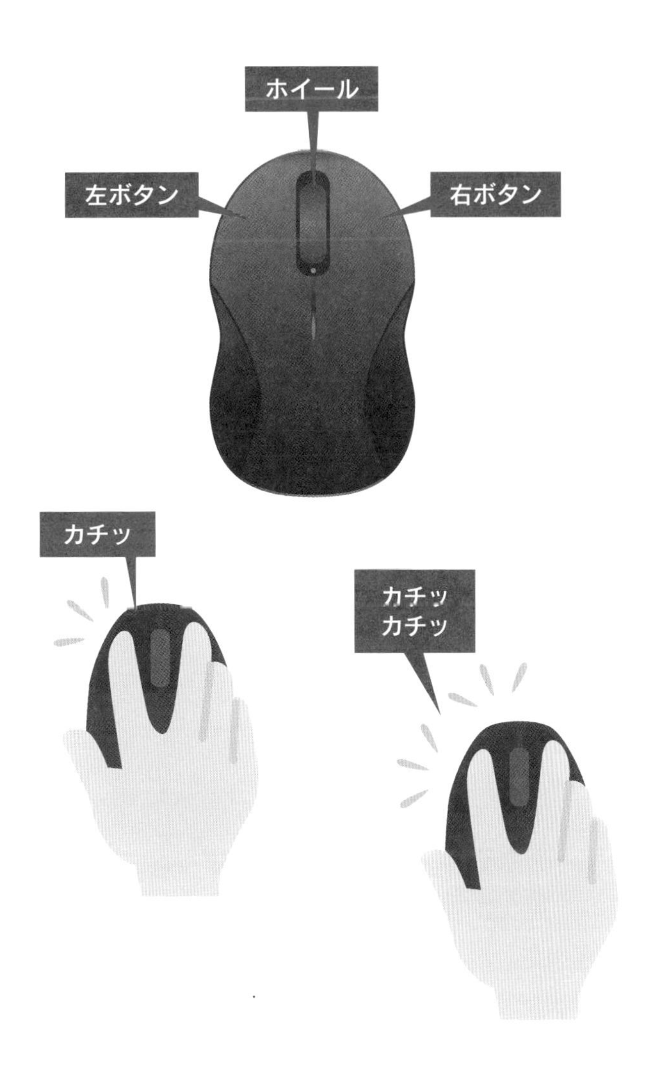

右クリック

右ボタンを1回押して離します。
ショートカットメニューを表示するときなどに使用します。

ドラッグ

左ボタンを押したままの状態で、マウスを目的の方向に移動します。

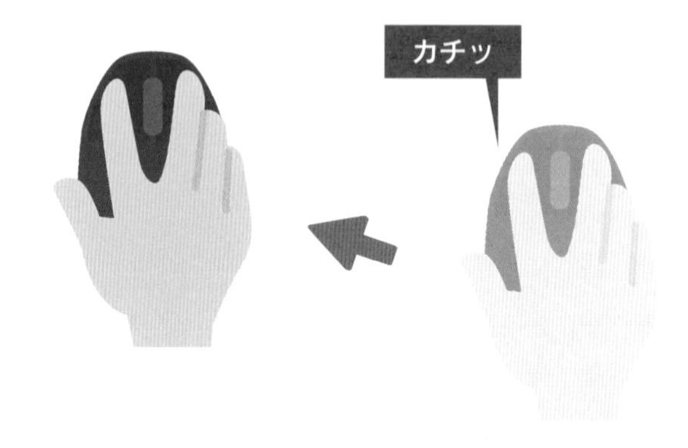

知っておくと便利！
▶ドラッグ&ドロップ

ドラッグして、最後にボタンを離す操作です。対象のファイルを目的の場所に移動するときなどに使います。

回転

マウスの中央にあるホイールを回します。画面の下部に情報が隠れているときの、「スクロール」操作（→4-2）などに利用できます。

ポイント

マウスポインターを、対象となるアイコンやボタンなどの上に移動します。このとき、ボタンは押しません。

知っておくと便利！
▶タッチパッド

ノートパソコンでは、マウスの代わりにタッチパッドで操作することができます。
機種によってさまざまなタイプがありますが、一般的には、パッドを指先でこすると、マウスポインターがその方向に動くしくみです。また、左下に配置されたボタンはマウスの左ボタン、右下に配置されたボタンはマウスの右ボタンに対応します。
ノートパソコンにもマウスを接続することができるので、最初のうちはマウスで学習するといいでしょう。

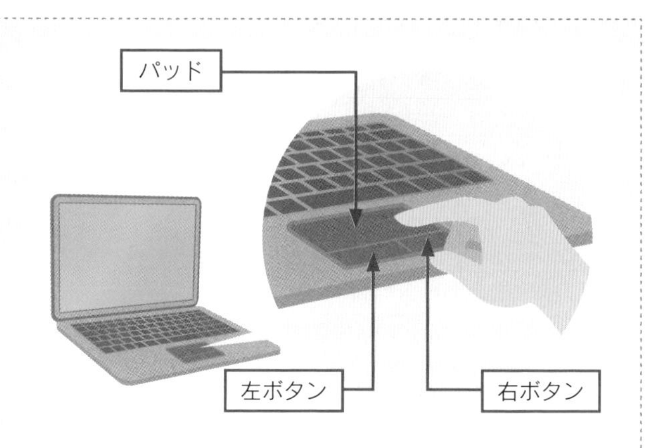

タッチパネルの操作

タッチパネルを指でタッチしたり、指を滑らせたりする動作で、パソコンに対して指示を出すことができます。タブレットやタッチ操作に対応したディスプレイを持つパソコンで利用することができます。

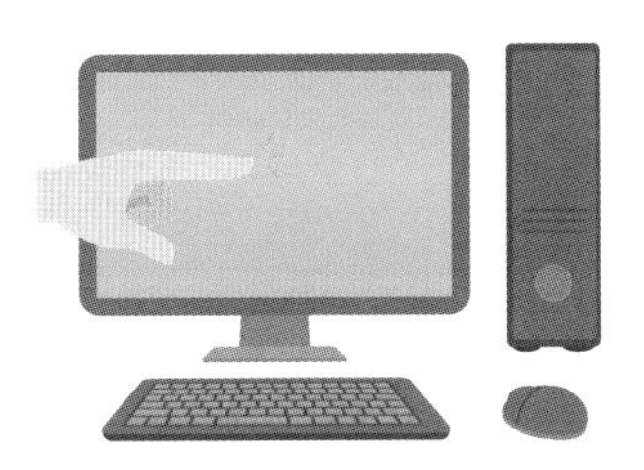

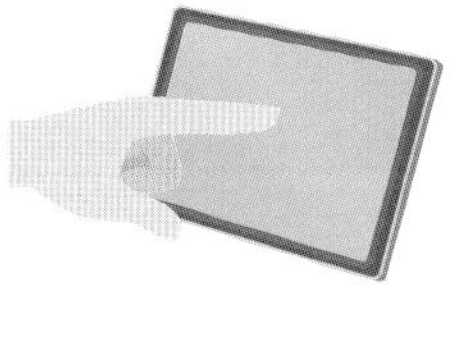

タップ

タッチパネルでは、指で対象のファイルなどをタッチします。これを「タップ」といいます。マウスのクリックに相当します。

スワイプ

画面上で指を滑らせます。マウスのドラッグやホイールを回転させる操作に相当します。

ダブルタップ

画面を2回続けてタッチします。マウスのダブルクリックに相当します。

ピンチアウト

2本の指を使って画面上で広げたります。画面を拡大する操作に使います。

長押し

画面に指をしばらく押しつけます。指を離すとメニューが表示されます。マウスの右クリックに相当します。

ピンチイン

2本の指を使って画面上で狭める操作です。画面を縮小する操作に使います。

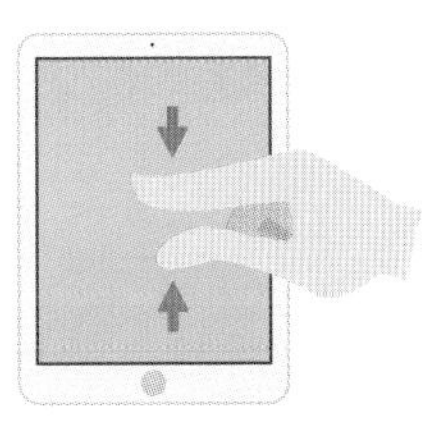

※ 本書ではこれ以降、タッチ操作を扱いません。マウス操作で解説します。

1-6　学習時間の目安 05 min　学習日・理解度チェック

月　日　□
月　日　□
月　日　□

スタート画面を確認しよう

「[スタート] ボタン」をクリックすると、アプリのボタンが並んだ「スタートメニュー」と、「タイル」が配置された「スタート画面」が表示されます。

スタート画面の名称

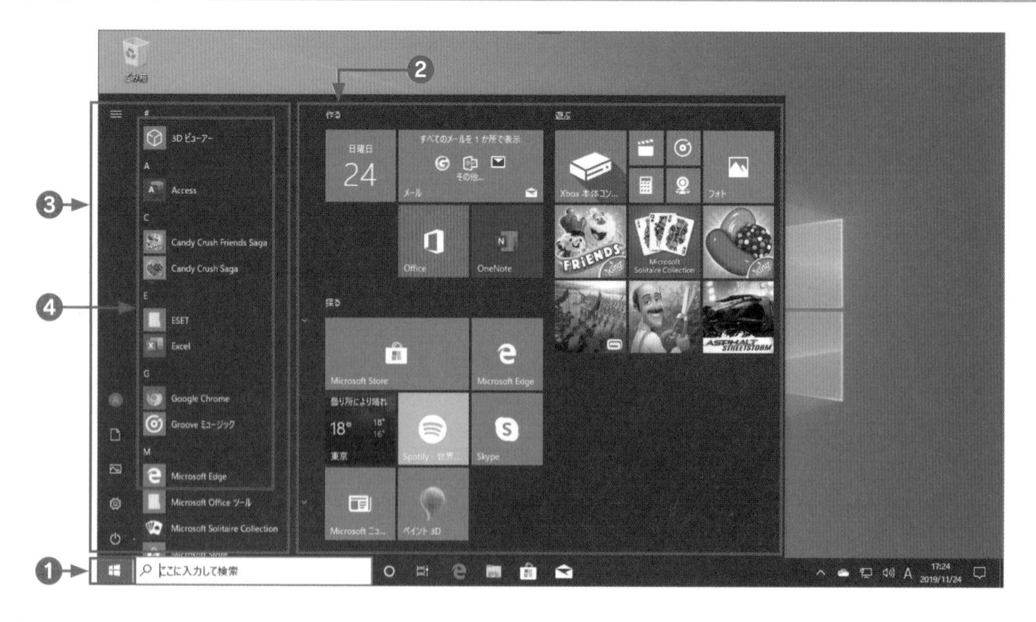

❶ [スタート] ボタン　クリックするとアプリの一覧とタイルが表示されます。

❷ タイル　クリックするとアプリが起動します。

❸ スタートメニュー　アプリを起動したり、Windowsの機能を設定する画面が表示されます。

❹ アプリの一覧　すべてのアプリがアルファベット順、50音順に表示されます。

知っておくと便利！
▶ライブタイル

タイルの中には、アプリの情報が随時更新されて表示が変わるライブタイルがあります。ニュースアプリや天気アプリなどで最新情報の表示に利用されています。

アプリの一覧は、スクロールバーをドラッグするか、マウスのホイールを回すことで表示することができます。

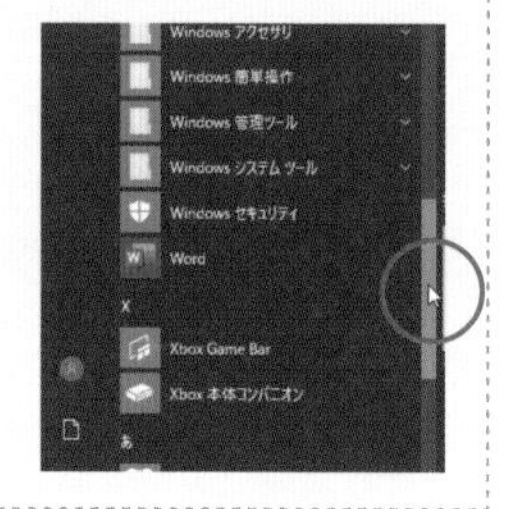

❶アカウント	ロック画面を表示したり、サインアウトしたりすることができます。複数のユーザーでパソコンを使えるように設定している場合は、別のユーザーに切り替えることができます。
❷ドキュメント	エクスプローラーが起動して［ドキュメント］フォルダーが表示されます。
❸ピクチャ	エクスプローラーが起動して［ピクチャ］フォルダーが表示されます。
❹設定	パソコンに対してさまざまな設定変更が行えます。なお、設定変更について本書では解説しません。
❺電源	パソコンの電源を操作します。クリックして［スリープ］［シャットダウン］［再起動］を選択します。

ここがポイント！

▶左欄を展開する

スタートメニューの ボタンをポイントすると、縮小表示されていたメニュー項目が展開して表示されます。

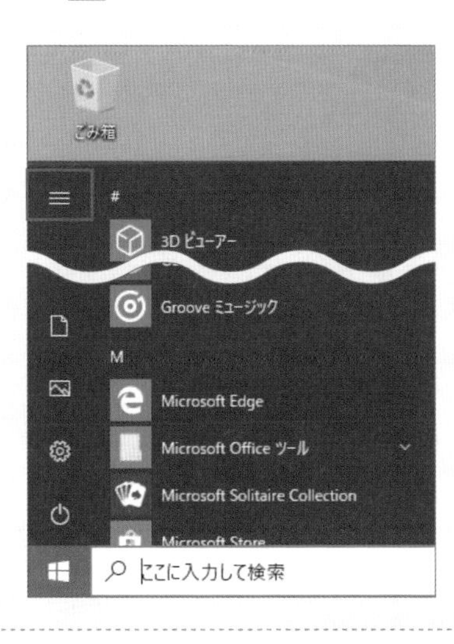

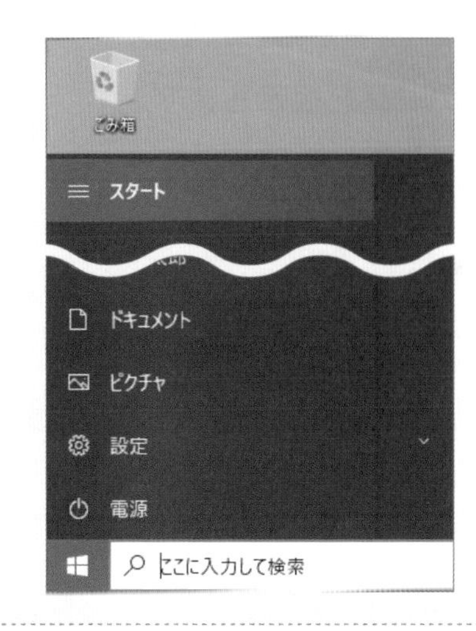

ここがポイント！

▶フォルダーを展開する

アプリの一覧には、フォルダーのアイコンが表示されるものがあります。フォルダーのアイコンをクリックすると、さらにアプリの一覧を展開して表示できます。

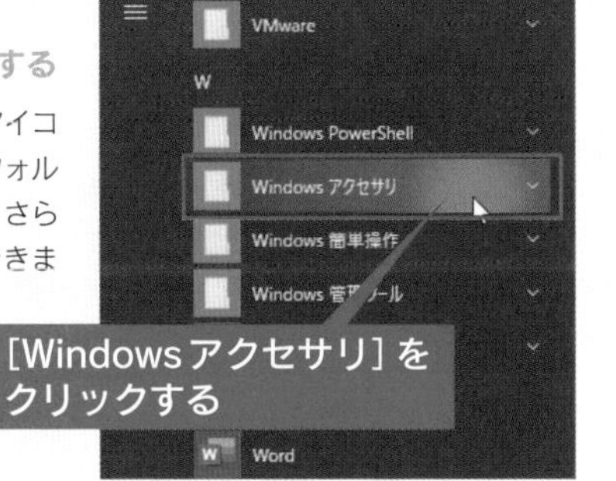

1-7

学習時間の目安 05 min 学習日・理解度チェック

月　日　□
月　日　□
月　日　□

アプリを起動・終了しよう

「アプリ」は、パソコンでさまざまな目的の作業に利用するプログラムのことです。ビジネス文書の作成、写真の管理など、目的ごとに用意されています。Windowsに付属しているアプリのほかに、「インストール」して利用するアプリもあります。

アプリの起動・終了

文書を作成するための代表的なアプリである「Word」を例に、アプリの起動の方法を学習します。アプリの起動方法はいくつかありますが、ここではスタートメニューからアプリの一覧を表示し、目的のアプリを選択して起動します。

やってみよう―Wordを起動する

スタートメニューからWordを起動しましょう。

1 アプリの一覧を表示します。

❶［スタート］ボタンをクリックする
❷スタートメニューにアプリの一覧が表示される

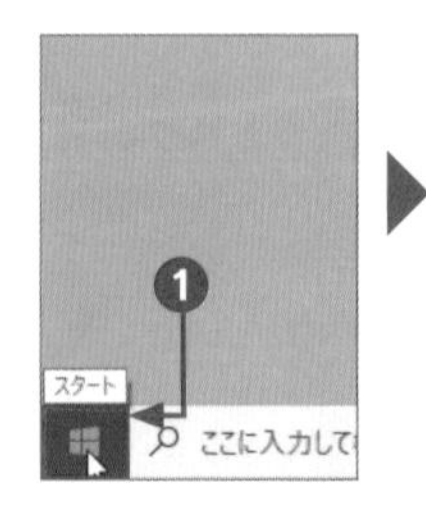

2 「W」の一覧のアプリを表示します。

❶スクロールバーの上にマウスカーソルを合わせる
❷マウスの左ボタンを押し、そのままマウスを下方向に移動する
❸「W」の一覧が表示されたらマウスの左ボタンを離す

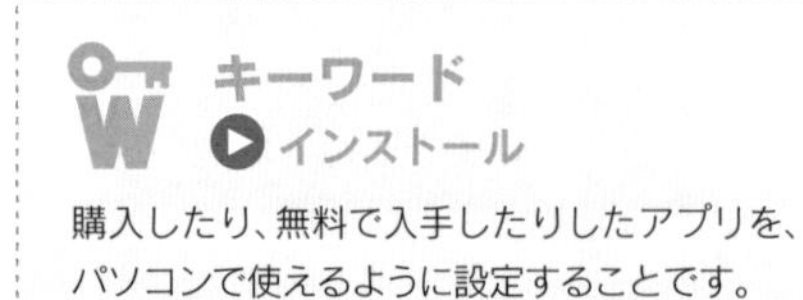

キーワード
▶インストール
購入したり、無料で入手したりしたアプリを、パソコンで使えるように設定することです。

3 Wordを起動します。

❶「W」の一覧から[Word]をクリックする

❷Wordが起動する

知っておくと便利！

▶ Excelの起動

[スタート]ボタンをクリックして、「E」の一覧から[Excel]をクリックするとExcelを起動できます。

やってみよう—Wordを終了する

[閉じる]ボタンをクリックしてWordを終了します。

1 Wordを終了します。

❶[閉じる]ボタンをクリックする

❷Wordのウィンドウが閉じる

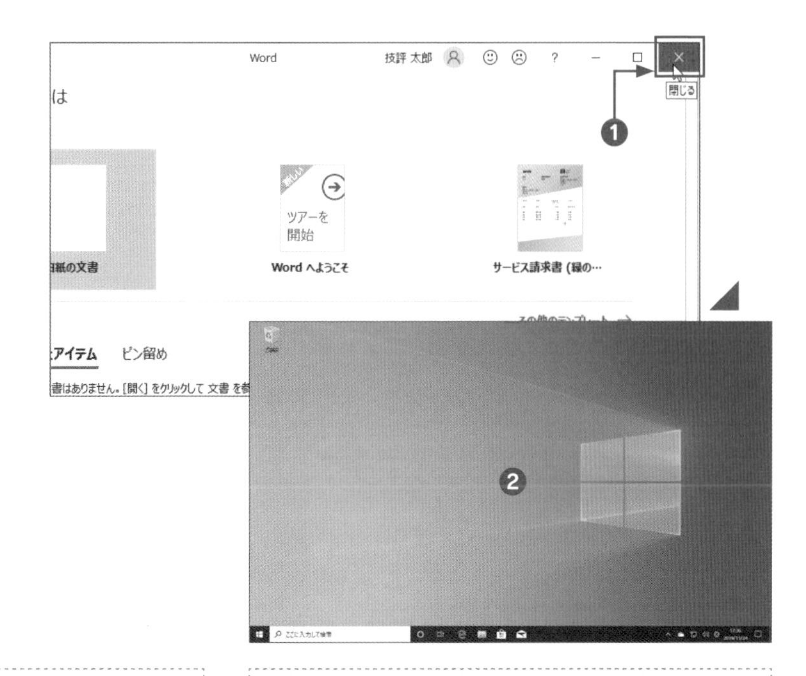

知っておくと便利！

▶ メッセージが表示される

アプリによっては[閉じる]ボタンをクリックすると、データをファイルとして保存するか、確認するメッセージが表示されます。保存しないでアプリを終了する場合は[保存しない]ボタンをクリックします。

キーワード

▶ ファイル

例えばビジネス文書を作成するアプリなどでは、作成途中や完了したときに、その状態を保存することができます。このときデータは「ファイル」というまとまりに保存されます。Chapter 3で詳しく解説します。

1-8

学習時間の目安  min　学習日・理解度チェック

「エクスプローラー」のウィンドウを確認しよう

月　日　□
月　日　□
月　日　□

「エクスプローラー」は、アプリで作成したファイルやその入れ物であるフォルダーを管理する「ウィンドウ」です。パソコンの内部や外部にある「記憶装置」に保存されたデータを、わかりやすく表示してくれます。パソコンの内部にある記憶装置には「ハードディスク」、パソコンの外部に接続できる記憶装置に「USBメモリ」があります。

「エクスプローラー」の起動

エクスプローラーを起動するには、タスクバーの[エクスプローラー]アイコンをクリックします。

やってみよう―エクスプローラーを起動する

タスクバーからエクスプローラーを起動しましょう。

1 タスクバーからエクスプローラーを起動します。

❶[エクスプローラー]アイコンをクリックする

2 エクスプローラーのウィンドウを表示します。

❶エクスプローラーのウィンドウが表示される

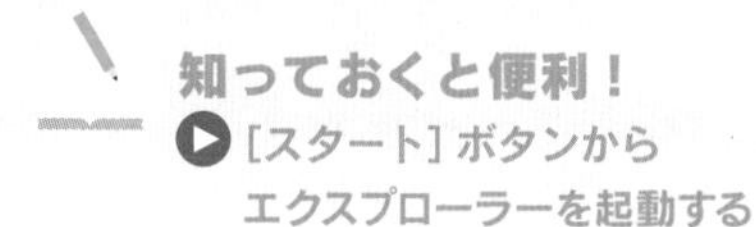

知っておくと便利！
▶[スタート]ボタンからエクスプローラーを起動する

もしもタスクバーに[エクスプローラー]アイコンがない場合は、[スタート]ボタンをクリックして「W」の一覧から[Windowsシステムツール]をクリックし、[エクスプローラー]をクリックします。

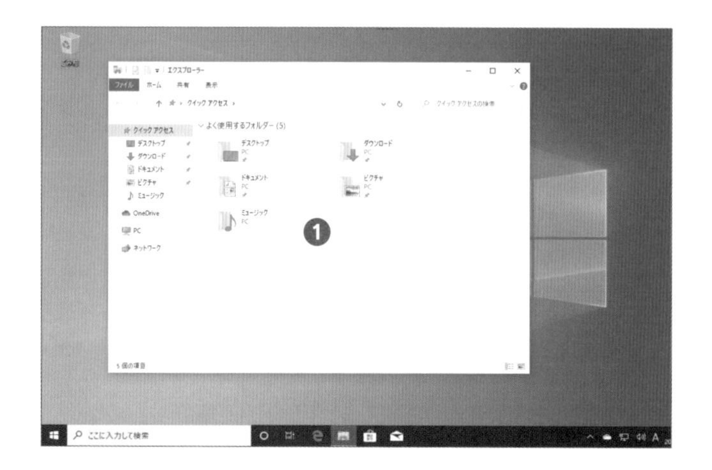

エクスプローラーの画面構成

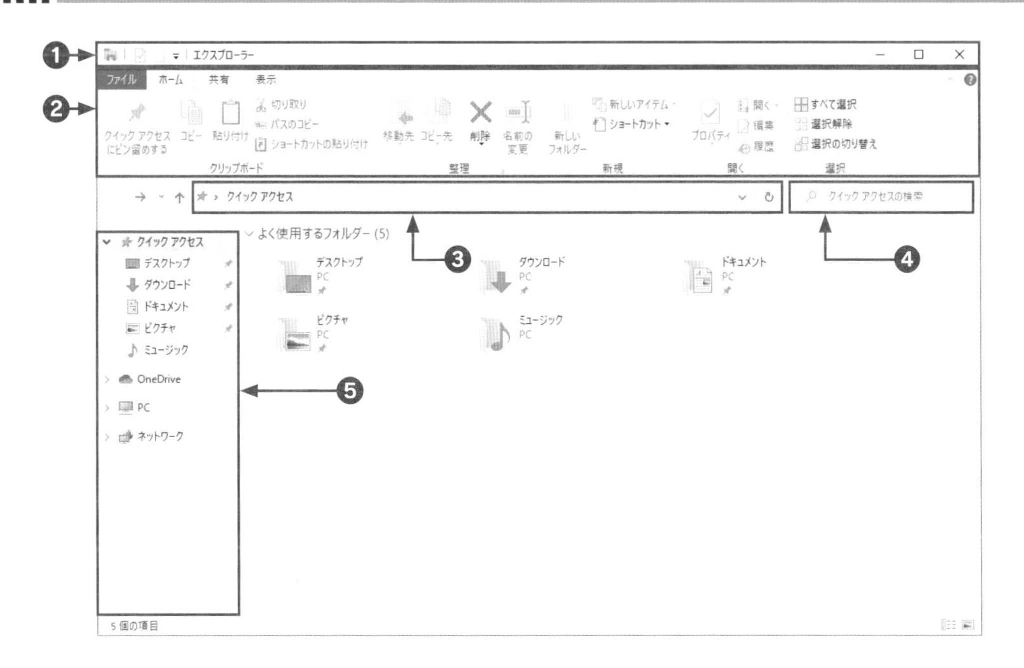

❶タイトルバー　現在表示しているフォルダー名が表示されます。

❷タブ（リボン）　「ホーム」「共有」「表示」の文字（タブ）をクリックすると、それぞれに対応した操作メニューが表示されます。この操作メニューのまとまりをリボンといいます。

❸アドレスバー　フォルダーの階層が表示されます。文字列をクリックするとその場所の中身を表示します。

❹検索ボックス　キーワードを入力して、フォルダーやファイルを探すことができます。

❺ナビゲーションウィンドウ

「クイックアクセス」「OneDrive」「PC」「ネットワーク」に分類されます。それぞれ［>］をクリックすると下の階層が展開して［v］に変わります。［v］をクリックすると、もとに戻ります。

クイックアクセス：「よく使用するフォルダー」と「最近使用したファイル」が表示されます。

OneDrive：無料のオンラインストレージです。インターネットに接続してアクセスすることができます（→6-4）。

PC：パソコンに内蔵しているハードディスクやパソコンに接続している記憶装置の中身を見ることができます。

ネットワーク：同じネットワークに接続しているパソコンにアクセスできます。本書では解説しません。

1-9

学習時間の目安 15 min　学習日・理解度チェック

月　日 □
月　日 □
月　日 □

「ウィンドウ」の基本操作をマスターしよう

アプリやエクスプローラーを起動すると「ウィンドウ」と呼ばれる四角い窓が表示されます。ウィンドウの大きさを変えたり、位置を移動したりする操作は、どのウィンドウでも共通しています。

ウィンドウの操作

エクスプローラーを使って、ウィンドウの基本的な操作をマスターしましょう。

やってみよう―ウィンドウを移動する

デスクトップ上で、ウィンドウを移動しましょう。

1 タイトルバーをポイントします。

❶マウスポインターをタイトルバーにあわせる

ここがポイント！
▶タイトルバー

ウィンドウの上の帯状の部分をタイトルバーといいます。タイトルバーには、アプリの名前などが表示されます。

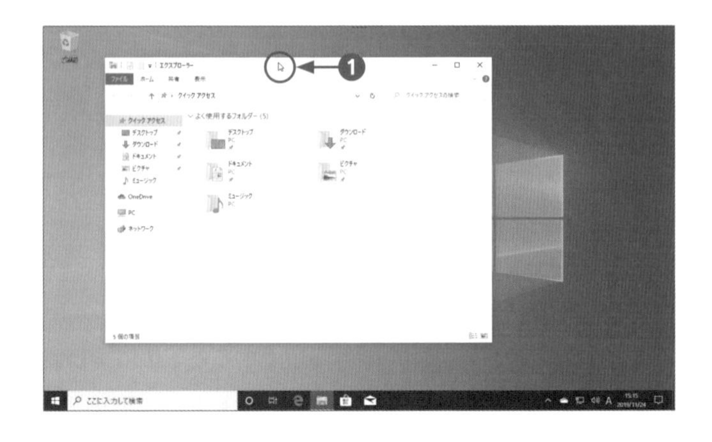

2 ウィンドウをドラッグします。

❶マウスの左ボタンを押し、そのまま移動したい方向にドラッグ（マウスを移動）する
❷ウィンドウが移動する
❸目的の場所に到達したら、マウスの左ボタンを離す

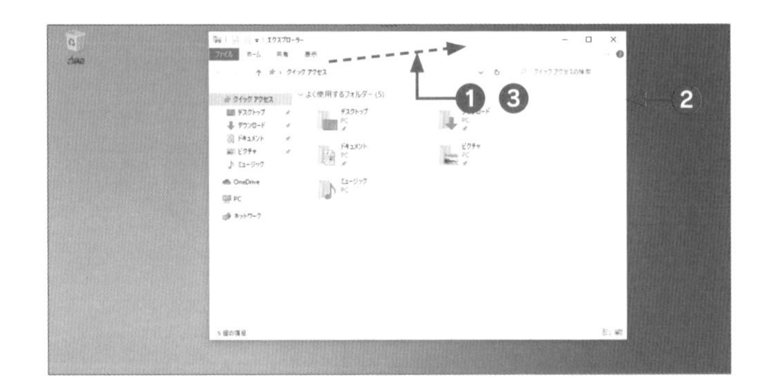

やってみよう―ウィンドウのサイズを変える

ウィンドウの境界線をドラッグして、ウィンドウのサイズを変更しましょう。

1 ウィンドウのサイズを変更します。

❶ウィンドウの左の枠線をポイントする

❷マウスポインターの形が ⇔ になる

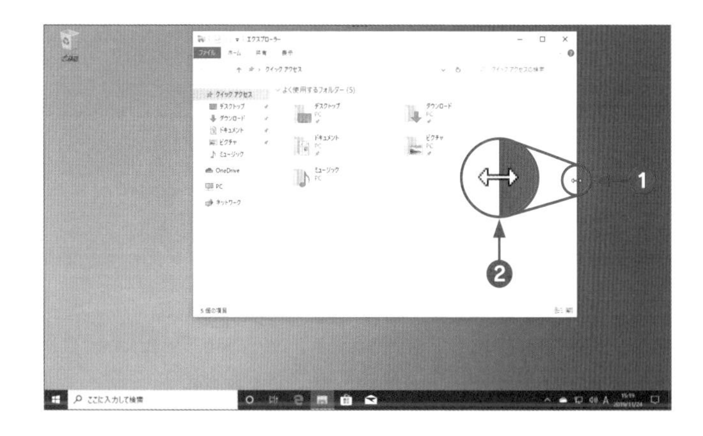

2 ウィンドウの大きさが変わります。

❶左にドラッグする

❷ウィンドウの大きさが変わる

ここがポイント！

▶ ウィンドウのサイズを変更

ウィンドウの辺をドラッグすると、縦だけの大きさや横だけの大きさを変更できます。四隅をドラッグすると、縦横の大きさを一度に変更できます。

ここがポイント！

▶ マウスポインターの形

マウスポインターの形や操作できる内容は、ポイントする場所によって変わります。

(矢印)	ボタンの上やタイトルバーの上	ボタンの選択やウィンドウの移動
⇔	ウィンドウの左右の境界線	ウィンドウの横幅の変更
⇕	ウィンドウの上下の境界線	ウィンドウの高さの変更
⤡	ウィンドウの四隅	ウィンドウの縦横を同時に変更

やってみよう―ウィンドウを最大化する

ウィンドウを画面全体に表示しましょう。

1 ウィンドウを最大化します。

❶［最大化］ボタンをクリックする

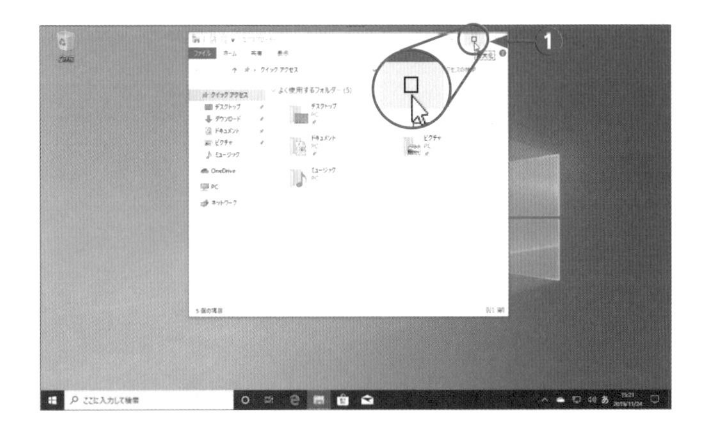

2 ウィンドウが最大表示されます。

❶ウィンドウが最大化されて画面全体に表示される

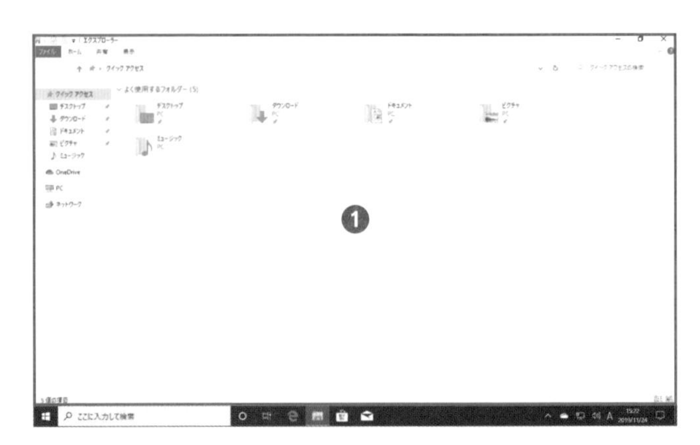

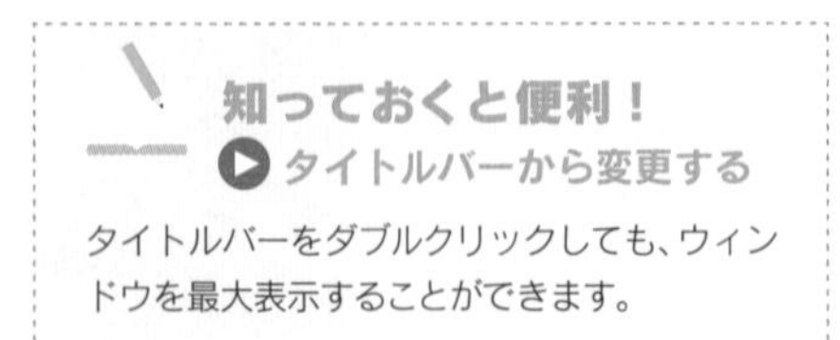

知っておくと便利！

▶タイトルバーから変更する

タイトルバーをダブルクリックしても、ウィンドウを最大表示することができます。

やってみよう―ウィンドウを元のサイズに戻す

ウィンドウを元の大きさに戻しましょう。

1 ウィンドウを元に戻します。

❶［元に戻す（縮小）］ボタンをクリックする

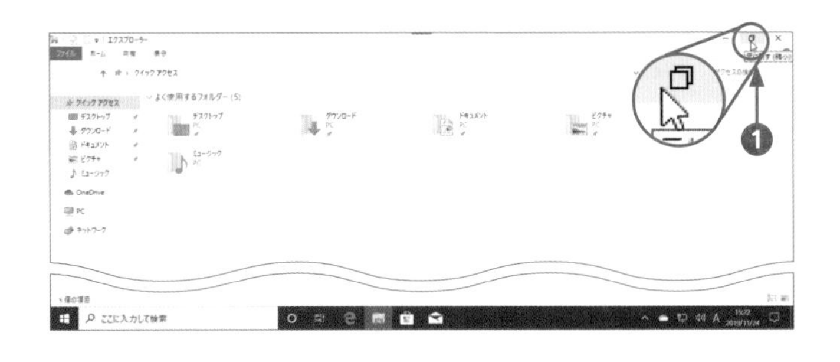

2 ウィンドウが元の大きさに戻されます。

❶ウィンドウが元の大きさに戻る

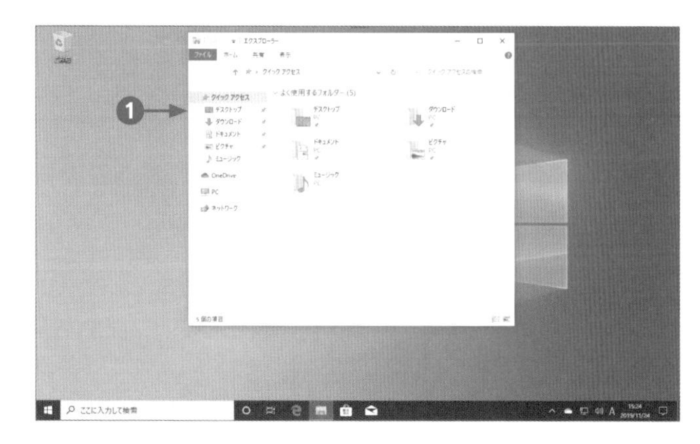

やってみよう―ウィンドウを最小化する

ウィンドウを小さくしてタスクバーにアイコンとして表示しましょう。

1 ウィンドウを最小化します。

❶［最小化］ボタンをクリックする

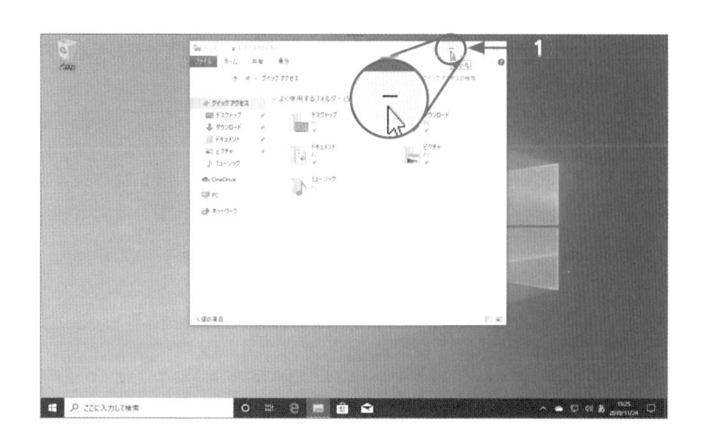

2 ウィンドウが非表示になります。

❶ウィンドウが最小化する
❷タスクバーの中に格納される

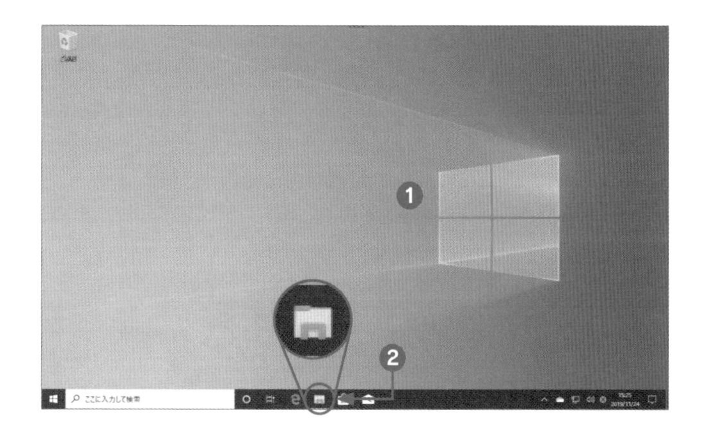

やってみよう―ウィンドウを復元する

タスクバーに格納したウィンドウを復元して表示しましょう。

1 ウィンドウを復元します。

❶タスクバーの［エクスプローラー］ボタンをポイントする
❷ウィンドウの縮小版が表示される
❸タスクバーの［エクスプローラー］ボタンをクリックする
❹ウィンドウが最小化する前のサイズで表示される

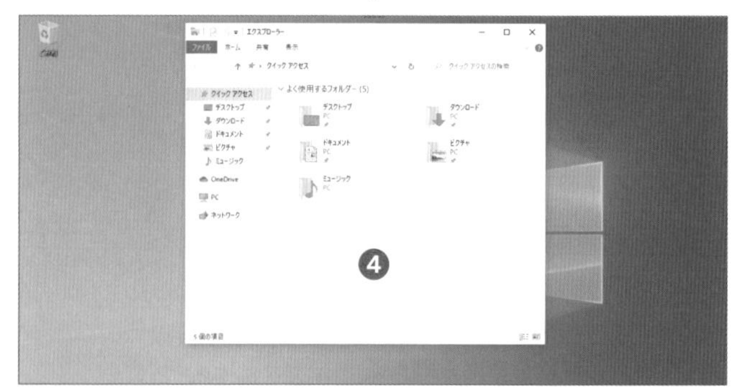

ここがポイント！
タスクバーのプレビュー

ウィンドウを最小化して、タスクバーにアイコンとして表示されている場合、ポイントするとそのウィンドウ縮小版が表示されます。

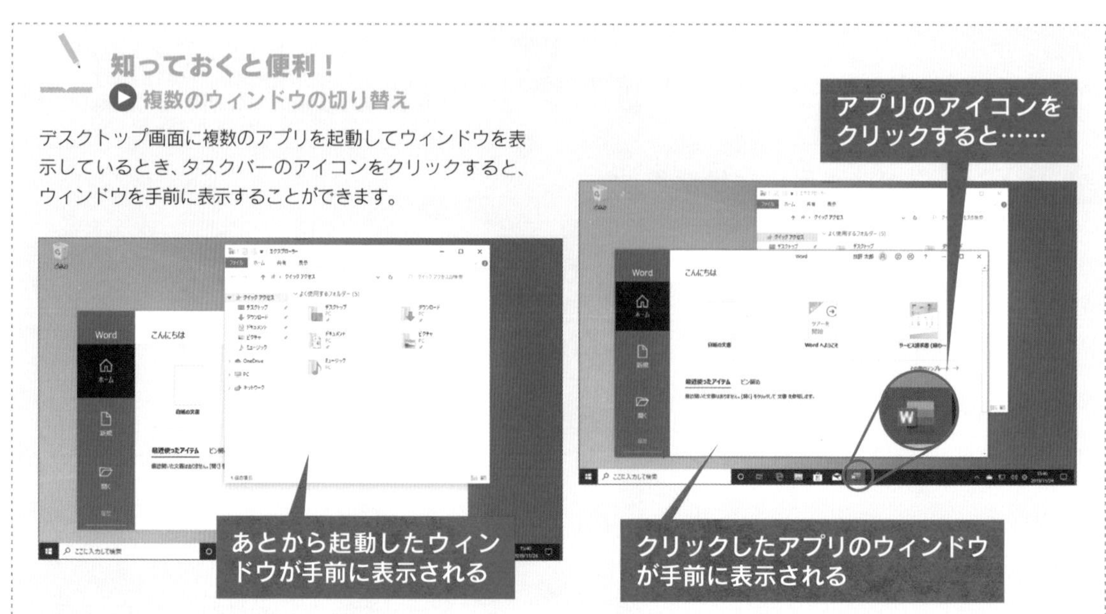

1-10 パソコンを終了しよう

学習時間の日安 05 min

学習日・理解度チェック

月　日 □
月　日 □
月　日 □

一般的な家電では、電源のスイッチをオンにしてつけたりオフにして消すという操作ですが、パソコンの電源をオフにする操作は電源ボタンではなくパソコンの画面から行います。パソコンを終了することを［シャットダウン］といいます。

パソコンの終了

パソコンを終了するときは、スタートメニューの［電源］から［シャットダウン］を選択します。

やってみよう—パソコンを終了する

パソコンを終了しましょう。

1 スタートメニューを表示します。

❶［スタート］ボタンをクリックする
❷［電源］ボタンをポイントする
❸［電源］ボタンが展開されるのでクリックする

2 シャットダウンします。

❶［シャットダウン］をクリックする
❷パソコンの電源が切れる

知っておくと便利！
スリープと再起動

パソコンを一定時間使用しない場合は［スリープ］にしておくと、省電力状態になります。キーボードで任意のキーを押したり、マウスでクリック操作をしたりすると［スリープ］を解除できます。すると、パソコンがすぐに再開します。
また、パソコンで特別な設定変更をしたあとや、パソコンの調子が悪いときに［再起動］をします。パソコンがいったん終了して、すぐに起動します。

Chapter 1

学習日・理解度チェック

月　日　□
月　日　□
月　日　□

練習問題

練習1-1

デスクトップ画面やスタート画面の名称を記入しましょう。

❶	❹
❷	❺
❸	❻

練習1-2

次の操作を行いましょう。

❶「メモ帳」アプリを起動しましょう。

❷ メモ帳のウィンドウを最大化しましょう。

❸ メモ帳を元のサイズに戻しましょう。

❹ マウスを使ってメモ帳のウィンドウの大きさを小さくしましょう。

❺ メモ帳を最小化して、タスクバーに格納しましょう。

❻ 最小化したメモ帳を表示しましょう。

❼ メモ帳を終了しましょう。

無題 - メモ帳
ファイル(F)　編集(E)　書式(O)　表示(V)　ヘルプ(H)

ここがポイント！

「メモ帳」アプリの場所

メモ帳は［スタート］ボタンをクリックして［Windows アクセサリ］をクリックすると表示できます。

Chapter 2

文字の入力

Word（ワード）を利用して文字入力の基礎となるタイピングを学びます。
アルファベット、ひらがな、カタカナ、漢字の入力と、文章の入力方法と文字の移動やコピーの方法も学習します。

2-1

学習時間の目安　15 min

学習日・理解度チェック

月　日　□
月　日　□
月　日　□

キーボードの使い方を理解しよう

文字を入力するために必要な、キーボードの使い方と入力の基礎を理解しましょう。

キーボードの構成

キーボードには数多くのキーが配置され、文字を入力する役割のほかに、さまざまな機能が割り当てられています。キーボードによっては、大きさや見た目だけでなく、キーの配置や個数が違うものもあります。ここでは標準的なキーボードの配置から、主なキーの位置と名前、役割を学びましょう。

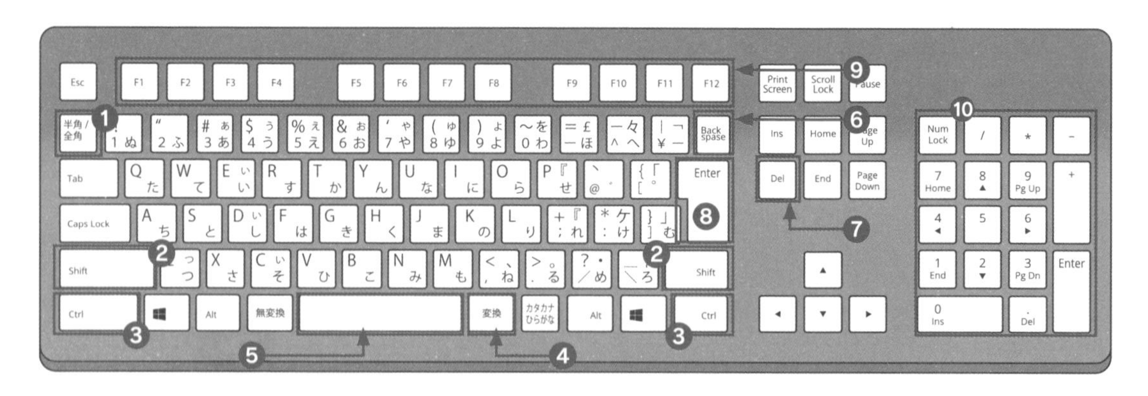

❶ 半角/全角 キー…日本語と英語の入力を切り替えます。

❷ Shift キー…「シフトキー」と読みます。ほかのキーと組み合わせて使います。

❸ Ctrl キー…「コントロールキー」と読みます。ほかのキーと組み合わせて使います。

❹ 変換 キー…入力した文字を漢字などに変換します。

❺ スペース キー…空白文字を入力するときや、入力した文字を変換するとき（変換 キーと同じ役割）に使います。

❻ BackSpace キー…「バックスペースキー」と読みます。文字を削除するときに使います。

❼ Delete キー…「デリートキー」と読みます。文字を削除するときに使います

❽ Enter キー…「エンターキー」と読みます。入力作業の確定や、改行の入力などに使います。

❾ F1 キー～ F12 キー…まとめて「ファンクションキー」と呼びます。アプリによって機能が変わり、ほかのキーと組み合わせて使うこともあります。パソコンの機種によっては、音量やディスプレイの明るさを調整するボタンとして配置されていることがあります。

❿ テンキー…数字を入力する際に便利なキーがまとまって配置されています。数字のキーはファンクションキーの下の段にもすべて配置されていますが、数値の入力に集中したい場合などに便利です。テンキーがついていないキーボードもあります。

ホームポジション

キーボードに指を置く基本の位置のことをホームポジションといいます。右手の人さし指を J キー、左手の人さし指を F キーに軽く置きます。そして、中指、薬指、小指を順にとなりのキーに置きます。親指は スペース キーの上に置きます。

J と F のキーには突起があり、さわった感触でわかるようになっています。このキーを起点にほかのキーの位置を覚えていきましょう。

また、キー入力時はホームポジションを意識し、キーを打ったらホームポジションに戻る習慣をつけましょう。

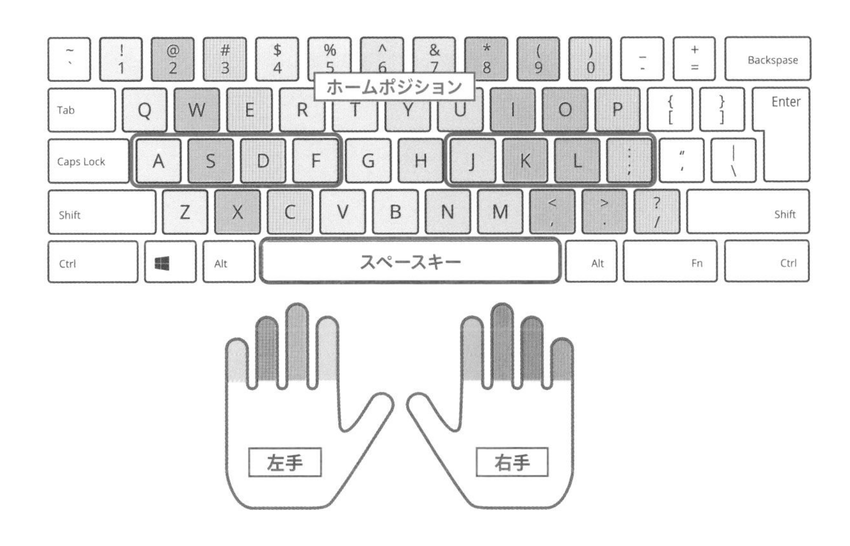

キーの打ち分け

キーボードの各キーには、「ひらがな」「アルファベット」「数字」「記号」など、最大で4種類の文字が印字されています。

左側は入力モードが「ローマ字入力」のときに、右側は入力モードが「かな入力」のときに入力される文字です。上側の文字は Shift キーと一緒に押した場合に、下側の文字はそのまま押した場合に入力されます。

「ローマ字入力」の場合は、まずキーの「アルファベット」部分の文字が入力され、続けてアルファベットを組み合わせたときに、対応するひらがなが入力されます。初期設定では、ローマ字入力になっています。本書はローマ字入力で解説します。

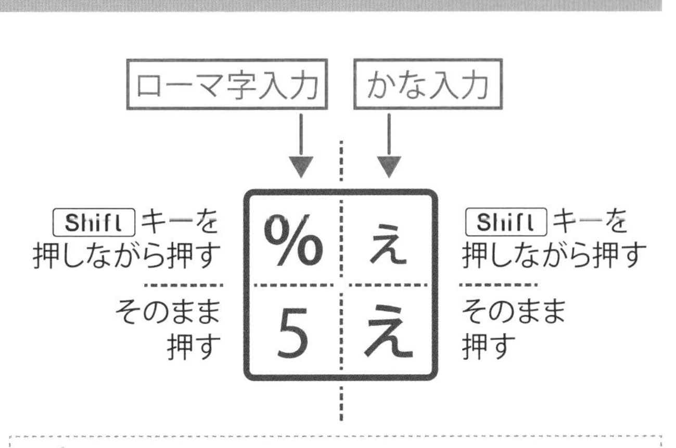

知っておくと便利！

かな入力への切り替え

かな入力へ切り替えるには、タスクバーの右端に表示されているIMEの あ を右クリックし、[ローマ字入力/かな入力] をポイントして [かな入力] をクリックします。

2-2 学習時間の目安  min 学習日・理解度チェック

月 日 □
月 日 □
月 日 □

文字を入力してみよう

Wordを利用して、文字を入力する方法を学習します。

新規文書の作成

Wordで新規文書を作成するには、Wordを起動して［白紙の文書］をクリックします。

やってみよう―Wordで新規文書を作成する

Wordを起動して白紙の文書を作成しましょう。

1 Wordを起動します。

❶Wordを起動する（26ページの「やってみよう　Wordを起動する」を参照）
❷［白紙の文書］をクリックする

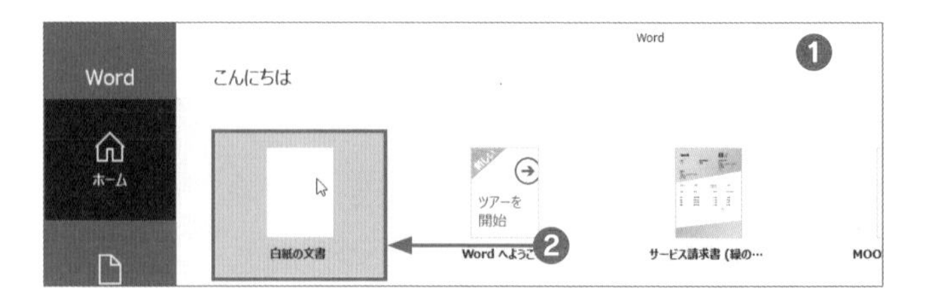

2 新規の文書を開きます。

❶白紙の文書ウィンドウが表示される

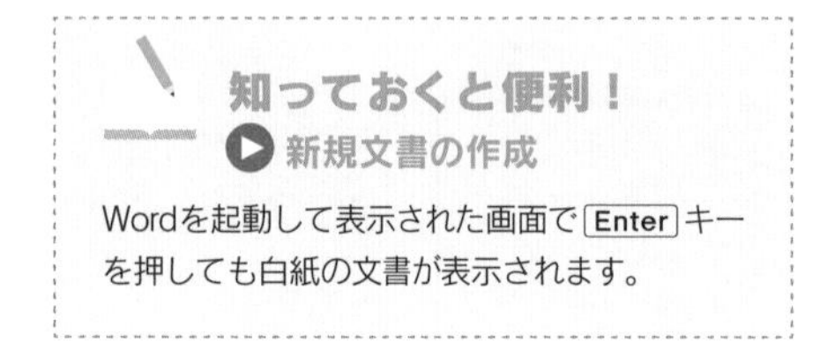

Wordを起動して表示された画面で Enter キーを押しても白紙の文書が表示されます。

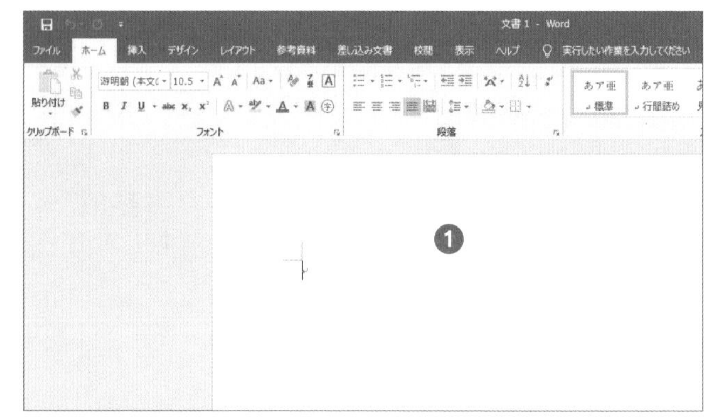

日本語入力システム

Windowsでは、英語や日本語のスムーズな入力をサポートするシステム、Microsoft IME（以下IME）が用意され、標準で使用できるように設定されています。
IMEの基本的な使い方を覚えましょう。

IMEは、タスクバーの右端の通知領域にあ、もしくはAで表示されています。キーボードの半角/全角キーを押すと入力モードが交互に切り替わります。なお、Wordの起動後は、すぐに日本語が入力できます。

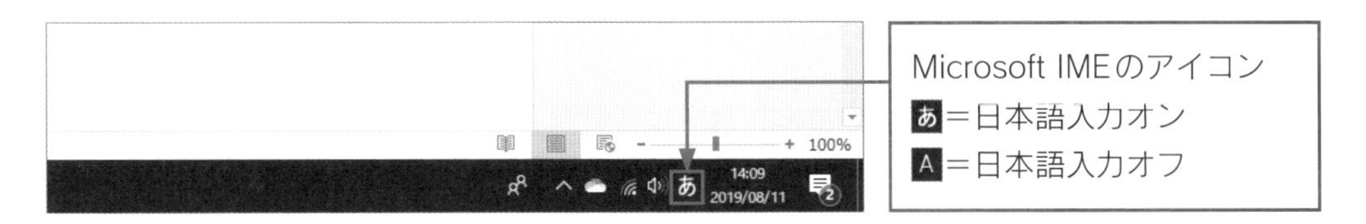

やってみよう—入力モードを切り替える

入力モードを、日本語入力オフにしてから日本語入力オンに切り替えましょう。

1 現在の入力モードを確認し、Aに切り替えます。

❶ 通知領域の入力モードがあであることを確認し、半角/全角キーを押す

❷ 画面に大きくAと表示され、日本語入力オフに切り替わる

❸ 通知領域の入力モードの表示もAに切り替わる

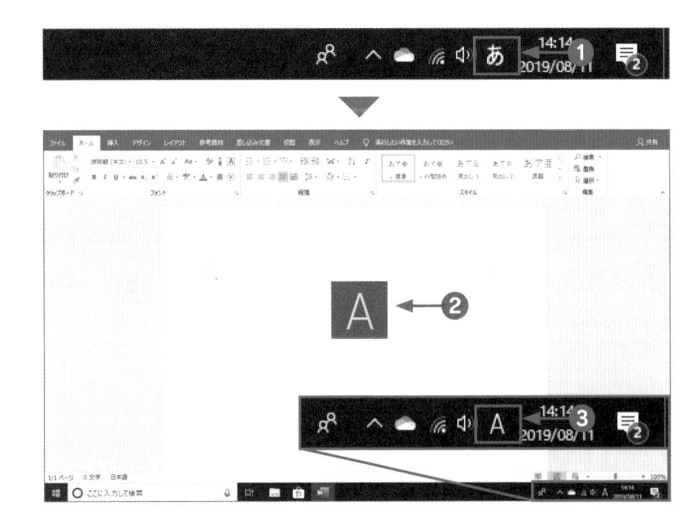

2 現在の入力モードを確認し、あに切り替えます。

❶ 通知領域の入力モードがAであることを確認し、半角/全角キーを押す

❷ 画面に大きくあと表示され、日本語入力オンに切り替わる

❸ 通知領域の入力モードの表示もあに切り替わる

知っておくと便利！
日本語入力モードの切り替え

通知領域のあ（またはA）をクリックすることでも、日本語入力モードのオンとオフの切り替えができます。

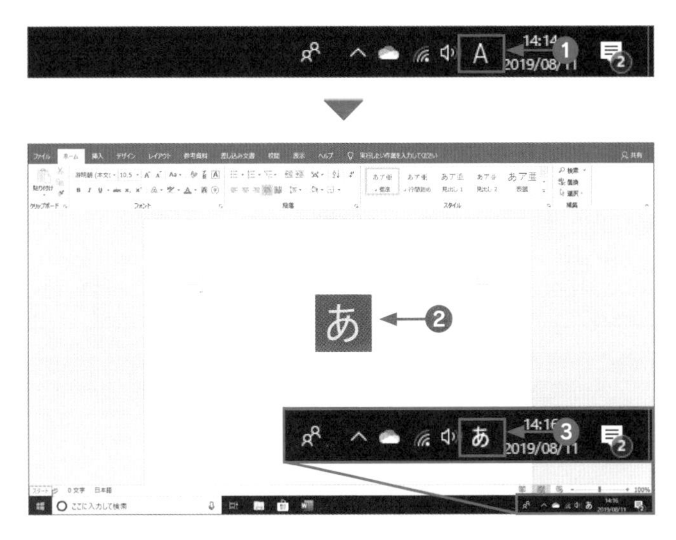

文字の入力と削除

Wordの画面で点滅している縦棒を、カーソルといいます。キーボードで文字の入力操作をすると、この位置に文字が挿入されます。
文字を削除するには、カーソルの位置によって Delete キーまたは BackSpace キーを次のように使い分けます。

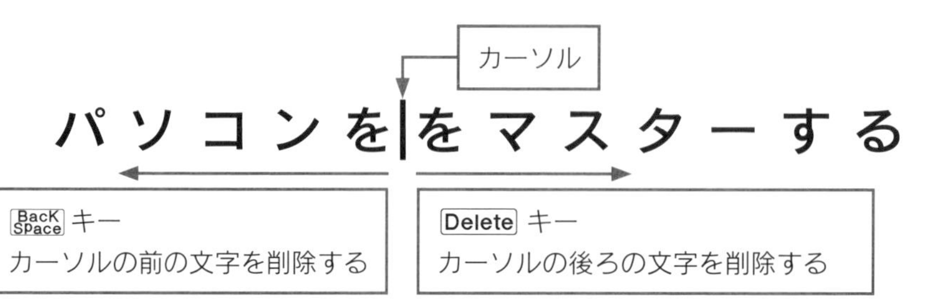

やってみよう—文字を打ち分けて入力し、削除する

全角で「(1)」と入力した後、すべての文字を削除しましょう。

1 文字を入力します。

❶日本語入力をオンにする
❷ Shift キーを押しながら、ファンクションキーの下にある 8 キーを押す
❸「(」が入力される
❹ 1 キーを押して「1」を入力する
❺ Shift キーを押しながら、ファンクションキーの下にある 9 キーを押す
❻ Enter キーを押して確定する

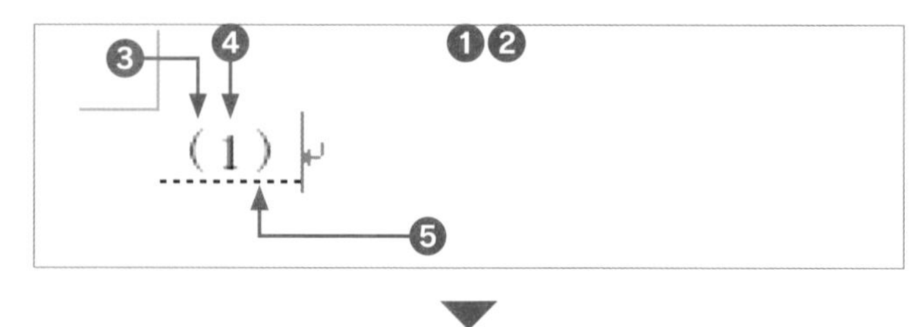

2 文字を削除します。

❶ BackSpace キーを3回押して文字を削除する

キーワード
全角と半角

全角は文字の縦横が同じサイズであることを指します。半角では文字の横幅が半分になります。主に全角は日本語の入力に、半角はアルファベットの入力に使用されます。

2-3

学習時間の目安 05 min　学習日・理解度チェック

月　日　□
月　日　□
月　日　□

アルファベットを入力しよう

アルファベット（英字）の入力方法を学習します。

英字の入力

英字で入力するには、日本語入力モードをオフにして、キーボードのアルファベットが印字されているキーを押して入力します。英字は通常小文字で入力されるので、大文字で入力したいときには、Shift キーを押しながら対象のキーを押します。

やってみよう―アルファベットを入力する

半角英数字で「Word2019」と入力しましょう。

1 英字を入力します。

❶日本語入力をオフにする
❷ Shift キーを押しながら、先頭文字の W キーを押す
❸大文字の W が入力される
❹ Shift キーを離して、O R D 2 0 1 9 のキーを押す

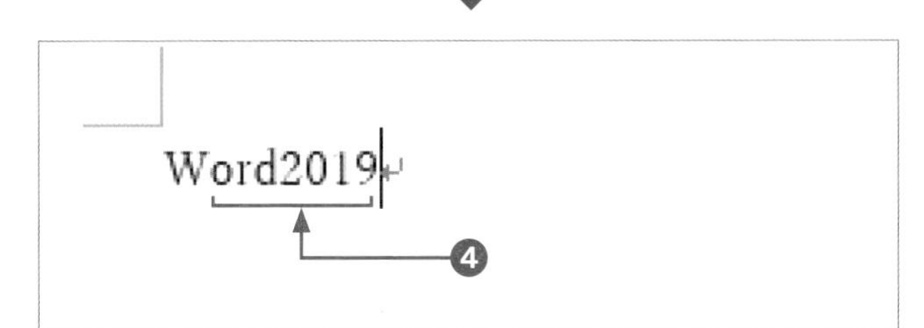

知っておくと便利！
▶英字の入力

英文を続けて入力する場合や頭文字を小文字で入力したい場合は、IMEの日本語入力をオフにしたほうが便利です。
なお、キーボードにはCapsLock（キャップスロック）という大文字入力のロック機能があります。オンになっていると、Shift キーを押さなくてもアルファベットが大文字で入力されるようになります。Shift キーを押しながら Caps Lock キーを押し、ロックを解除しましょう。キーボードによっては、CapsLockがオンのとき、小さなライトが点灯する種類もあります。

知っておくと便利！
▶数字の入力

テンキーには、NumLock（ナムロック）という入力ロック機能がついています。テンキーを押しても数字の入力ができなくなってしまった場合は、テンキーの左上の Num Lock キーを押し、ロックを解除しましょう。キーボードによっては、NumLockがオンのとき、小さなライトが点灯する種類もあります。

2-4

学習時間の目安 15 min　学習日・理解度チェック

月　日　□
月　日　□
月　日　□

ひらがな・カタカナを入力しよう

ひらがなとカタカナの入力方法を学習します。

ひらがなの入力

ひらがなは、IMEを日本語入力モード（あと表示されている状態）にして、入力します。

やってみよう―ひらがなを入力する

次の文字を入力しましょう。なお、ここではローマ字入力にしています。

1 「あいうえお」と入力します。

❶ A I U E O のキーを押す
❷「あいうえお」と表示される
❸ Enter キーを押して確定する
❹ 下線が非表示になり、「あいうえお」という文字が確定される

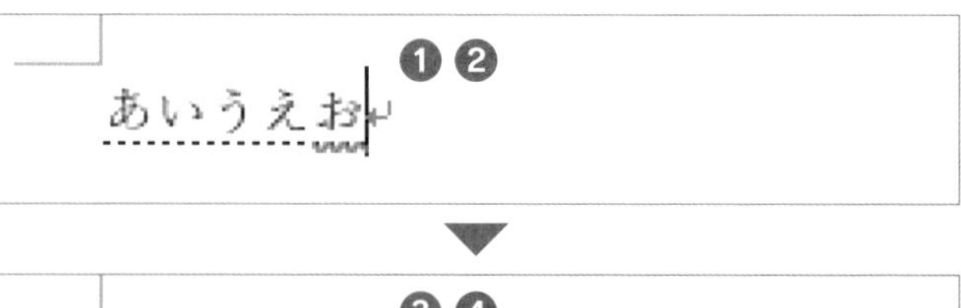

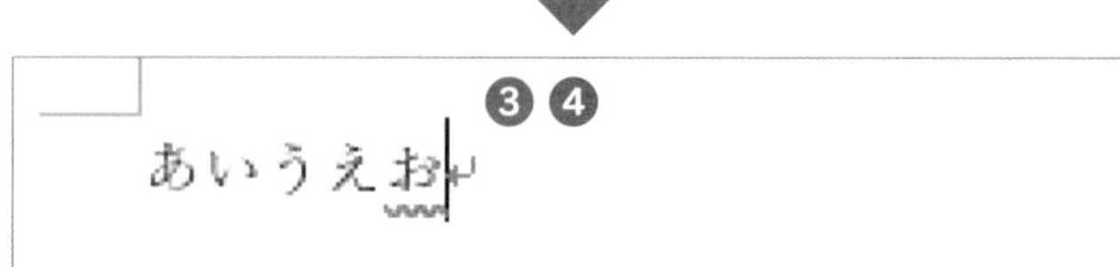

2 改行します。

❶ 次の文字を入力するために Enter キーを押して改行する

3 「きょう」と入力した後にスペースを入力します。

❶ K Y O U のキーを押して Enter キーを押す
❷ スペース キーを押す
❸ スペースが挿入される

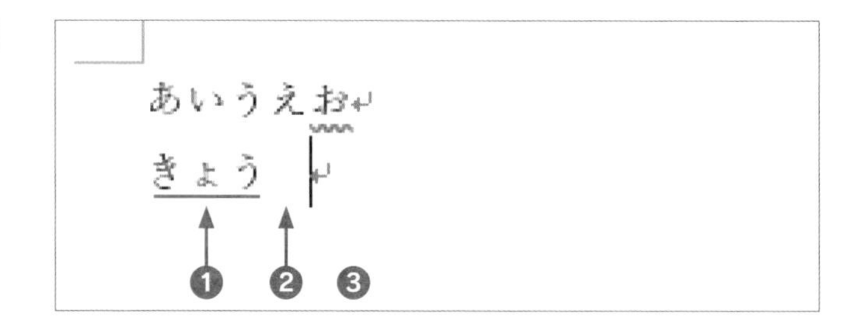

4 「あさって」「いっしゅうかん」と入力します。

❶ A S A T T E のキーを押して Enter キーを押す

❷ スペース キーを押してスペースを挿入する

❸ I S S Y U U K A N N のキーを押す

❹ Enter キーを押す

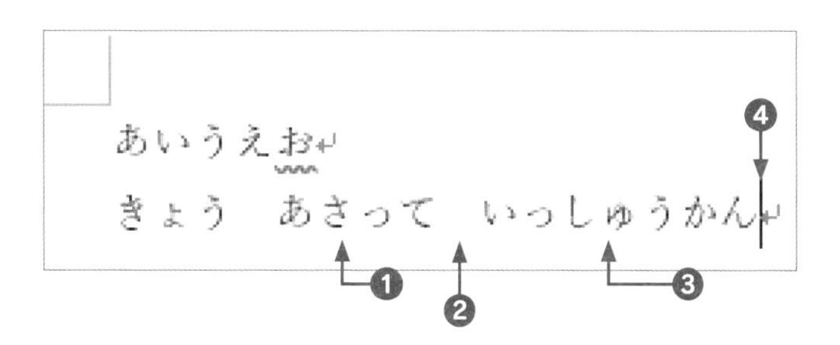

ここがポイント！

▶ スペースの入力と表示

スペース キーは、一文字分の空白の挿入と、文字の変換というふたつの役割を持っています。文の途中に空白を入れたいときは、前に入力した文字を確定してから スペース キーを押します。

ここがポイント！

▶ 促音と拗音の入力

「きょう」の「ょ」のような小さく書く音は、158ページ付録のローマ字表を参考にしながら覚えましょう。L キーを使って、L Y O と入力する方法もあります。

「あさって」の「っ」のようにつまる音を入力するときには、後の文字の子音を続けて2回入力します。

カタカナの入力

よく使われるカタカナは、ひらがなで入力した単語の予測変換から選べます。予測変換などに出にくい固有名詞のカタカナは、ファンクションキーのカタカナ変換を使用して入力する方法があります。

やってみよう—予測変換から選んでカタカナ入力する

カタカナで「ブルーベリー」と入力しましょう。

1 ひらがなで「ぶるーべりー」と入力します。

❶ 読みをひらがなで入力する

❷ 文字の下に予測候補の一覧が表示される

2 予測候補から選択します。

❶ ↓ キーを押す
❷ 予測候補の「ブルーベリー」が水色になる
❸ Enter キーを押す

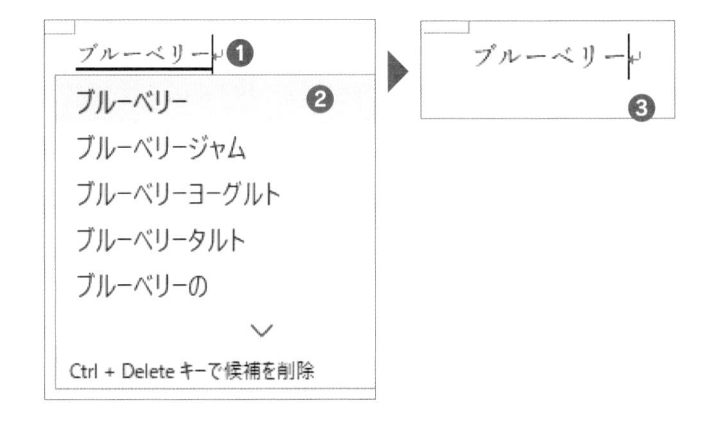

やってみよう—ファンクションキーでカタカナへ変換する

カタカナで「ベリーアイファーム」と入力しましょう。

1 「ベリーアイファーム」と入力します。

❶「べりーあいふぁーむ」と入力する
❷ F7 キーを押す
❸ カタカナに変換される
❹ Enter キーを押して確定する

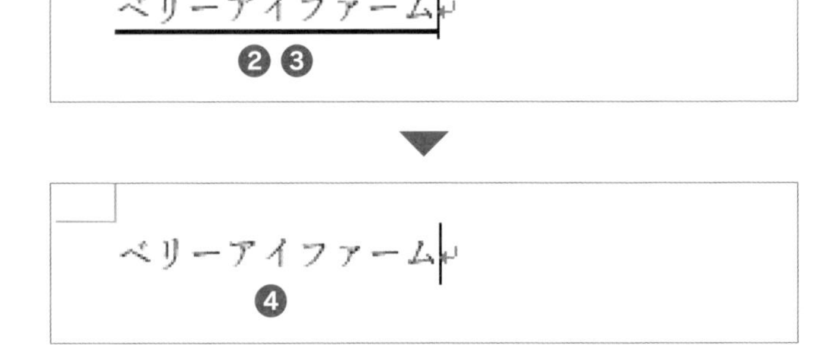

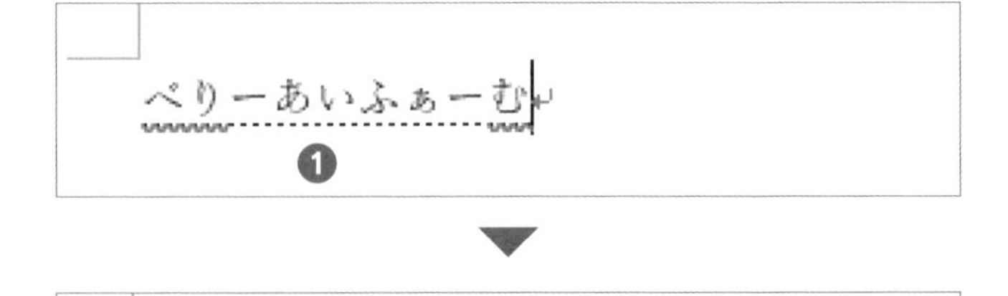

知っておくと便利！
▶ 入力途中での予測候補の選択

「ぶ」と打った時点で「ブルーベリー」と表示されたり、言葉によっては入力途中で予測候補に入力したい文字が表示される場合があります。入力途中でも ↓ などでその言葉を選び確定することができます。

2-5

学習時間の目安 10 min　学習日・理解度チェック

月　日 □
月　日 □
月　日 □

漢字を入力しよう

漢字の入力方法を学習します。

漢字の入力

ひらがなで入力した文字を漢字に変換するには、[変換]キーを押します。一度で目的の漢字に変換できなかった場合は、もう一度[変換]キーを押します。さらに多くの変換候補が表示されるので、その一覧の中から選択します。

やってみよう―漢字を入力する

漢字で「精算」と入力しましょう。

1 漢字に変換します。

❶ひらがなで「せいさん」と入力する
❷[変換]キー（または[スペース]キー）を押す
❸漢字に変換される

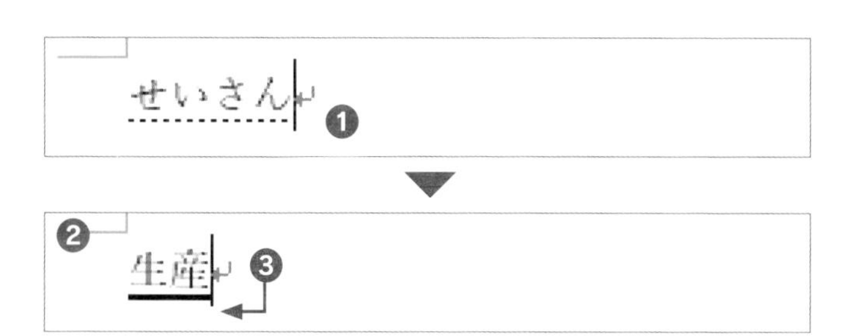

2 変換候補の一覧から選択します。

❶再度[変換]キー（または[スペース]キー）を押す
❷変換候補の一覧が表示される
❸目的の漢字が水色になるまで、[変換]キー（または[スペース]キー、または[↓]キー）を押す
❹[Enter]キーを押す

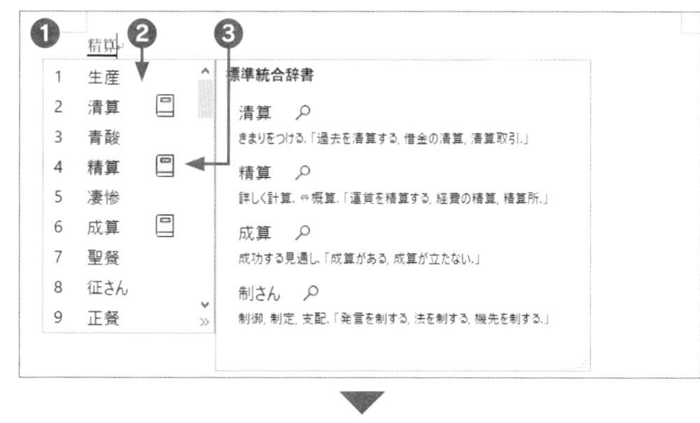

精算

2-6

学習時間の目安 15 min

学習日・理解度チェック

月	日	□
月	日	□
月	日	□

文章を入力しよう

文章の入力方法を学習します。

文章の入力

ひらがなと漢字が混じった長い文章を入力して変換すると、意図しない漢字や区切りに変換されてしまうことがあります。
注目文節を移動すると、文章中の特定の文節を変換したり、区切りを変えたりすることができます。

やってみよう―文章を変換する

「しんぼくかいのかんじをする」と入力して、「親睦会の幹事をする」に変換しましょう。

1 文章の読みを入力して変換します。

❶漢字に変換される
❷ 変換 キー（または スペース キー）を押す
❸文節ごとに変換される

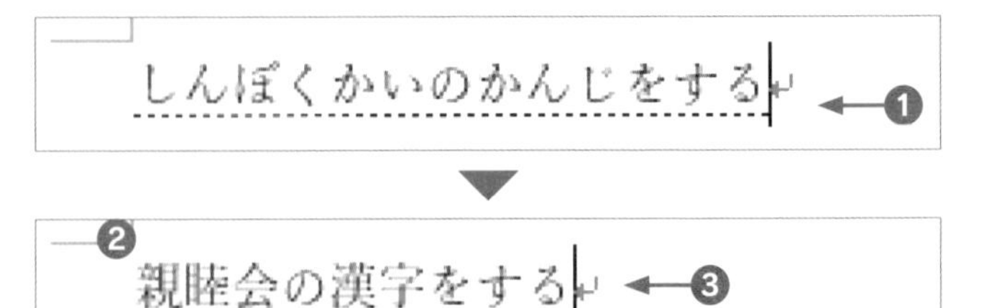

2 再度変換します。

❶ → キーを押す
❷右の文節に太下線が表示され、変換対象になる
❸ 変換 キー（または スペース キー）を押す
❹太下線の文節（注目文節）の箇所が変換される
❺変換候補の一覧から ↓ キーまたは ↑ キーを使って目的の漢字に移動する
❻ Enter キーを押す

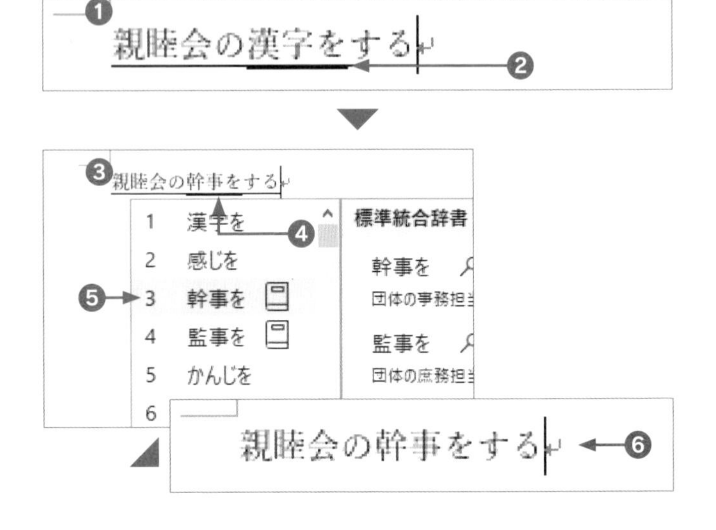

ここがポイント！
▶ 注目文節

変換の対象となる文節のことを「注目文節」といいます。
太い下線が表示されて←キーや→キーで移動できます。

ここがポイント！
▶ 文節の区切り

言葉が不自然にならない最小限の区切りを文節といいます。ここでは、「しんぼくかいの」「かんじを」「する」という文節に区切ることができます。

文章内での文字の削除・文字の挿入

長い文章を入力していくなかで、間違えて入力してしまった場合でも、途中で修正することができます。

やってみよう—文章を修正する

「わたしはこんしゅう、ちょうないかいのかんじをする。」と入力し、「こんしゅう」を「来週」に修正して「私は来週、町内会の幹事をする。」に変換しましょう。

1 文章の読みを入力して、「こんしゅう」の「こん」を削除します。

❶ひらがなで読みを入力する
❷カーソルを←キーで（またはクリックして）「こん」の後ろへ移動する
❸BackSpaceキーで「こん」の2文字を消す

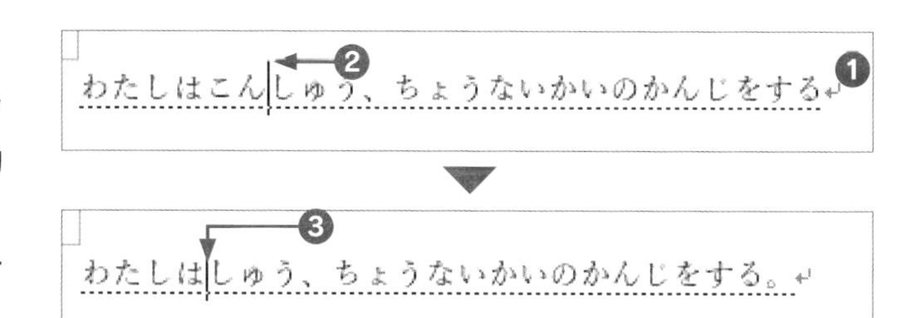

2 「らい」の文字を挿入します。

❶「わたしは」の後ろにカーソルがある状態のまま、「らい」と入力する
❷変換キーで変換する
❸文節ごとに正しい変換をし、Enterキーで確定する

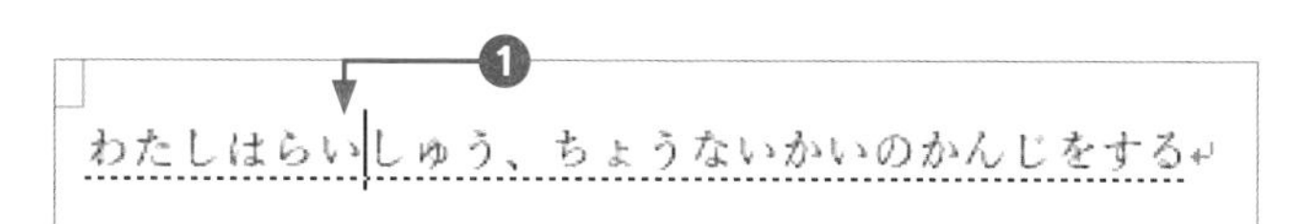

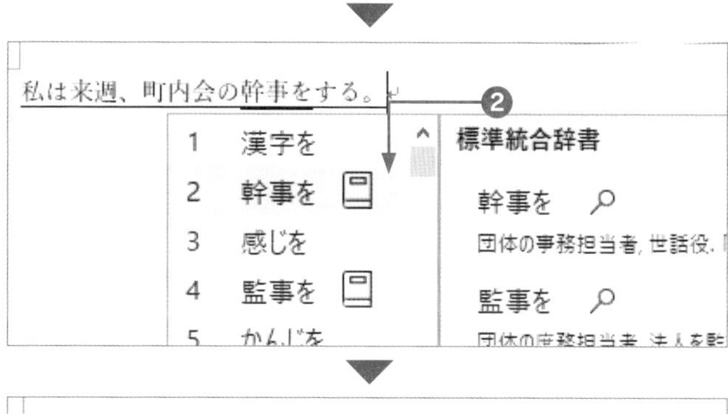

私は来週、町内会の幹事をする。

知っておくと便利！
▶ 文章でよく使う記号の入力

文章内で区切りとして使用する「、」は読点、「。」は句点といいます。読点は「ね」が印字されたキーを、句点は「る」が印字されたキーを、日本語入力モードで押します。同様に、カギカッコ（「」）は、「む」が印字されたキーと、その上の「°」が印字されたキーで入力できます。

2-7

学習時間の目安 15 min　学習日・理解度チェック

月　日 □
月　日 □
月　日 □

文字を移動・コピーしよう

入力した文字を移動・コピーする方法を学びます。

文字の移動

別の場所に文字を移動したいときは、[切り取り] 操作のあとに [貼り付け] 操作を行います。

やってみよう ― 文字を移動する

「私は今日ワードの練習をしました」という文章を入力し、文章中の「今日」を文頭に移動しましょう。

1 文字を入力して変換します。

❶「私は今日ワードの練習をしました」と入力する

私は今日ワードの練習をしました↵ ❶

2 文字を選択し、切り取ります。

❶マウスで「は」と「今」の間をポイントする
❷そのまま右方向にドラッグを開始し、「日」と「ワ」の間でドラッグを終了する
❸「今日」の文字が選択され、背景がグレーに反転する
❹[ホーム] タブの [クリップボード] グループの [切り取り] ボタンをクリックする
❺文字が切り取られ、文章から消える

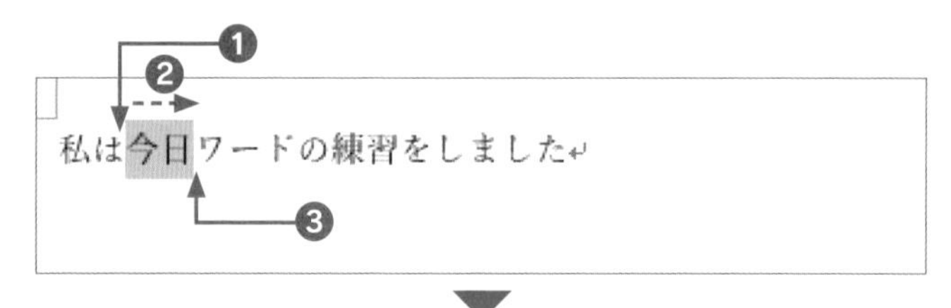

私はワードの練習をしました↵ ❺

3 文字を貼り付けます。

❶「私」の左をクリックし、カーソルを表示する

❷［ホーム］タブの［クリップボード］グループの［貼り付け］ボタンをクリックする

❸切り取った「今日」の文字が貼り付けられる

❹カーソルを文末の「た」の右に移動し、Enter キーを押して改行する

やってみよう—文字をコピーする

「今日私はワードの練習をしました」をコピーして下の行に貼り付けし、「ワード」を「エクセル」に修正しましょう。

1 コピーする文字を選択します。

❶「私は今日ワードの練習をしました」をドラッグして選択する

❷［ホーム］タブの［クリップボード］グループの［コピー］ボタンをクリックするリックする

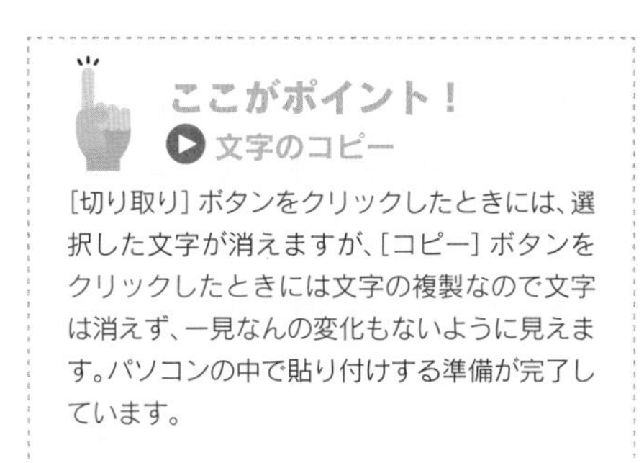

ここがポイント！

文字のコピー

［切り取り］ボタンをクリックしたときには、選択した文字が消えますが、［コピー］ボタンをクリックしたときには文字の複製なので文字は消えず、一見なんの変化もないように見えます。パソコンの中で貼り付けする準備が完了しています。

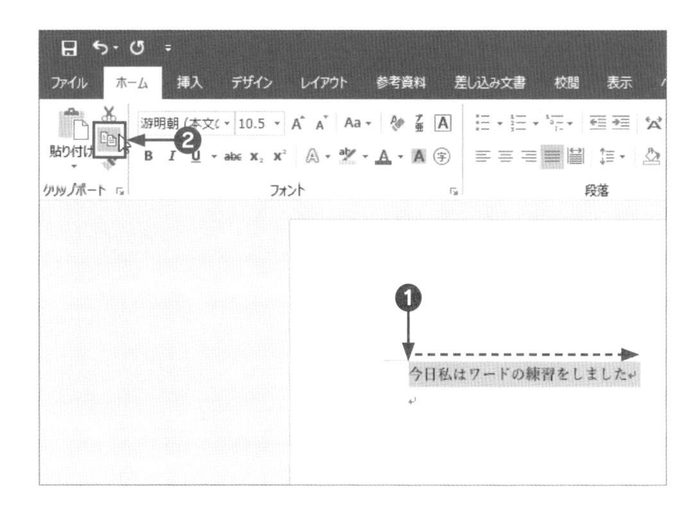

2 文字を貼り付けます。

❶2行目をクリックし、カーソルを表示する
❷ホームタブの「貼り付け」ボタンをクリックする
❸コピーした1行目の文章が複製される

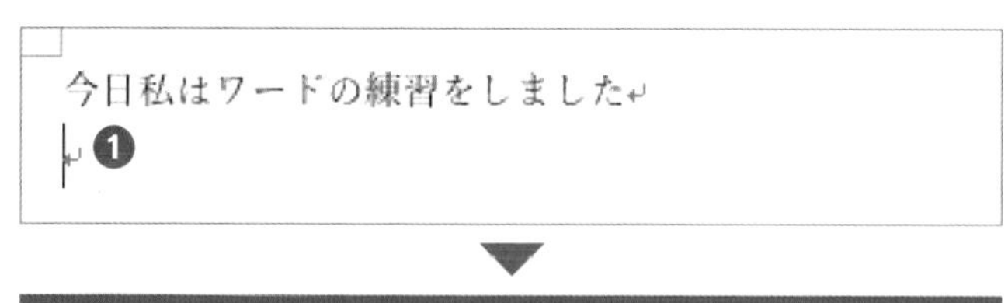

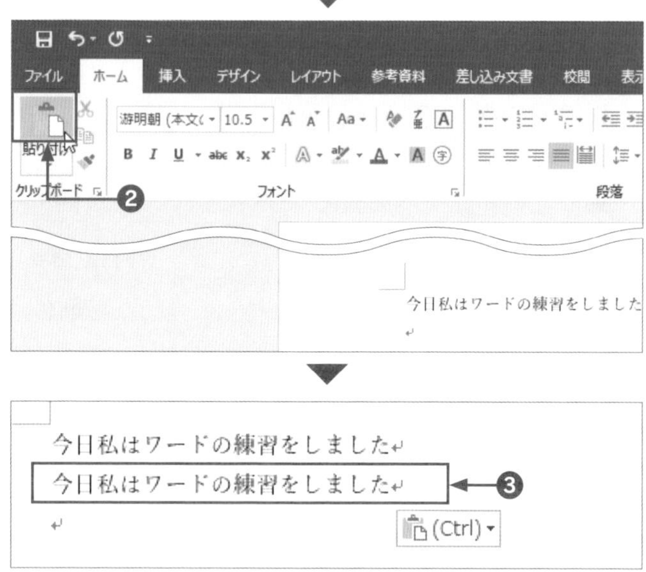

3 2行目の「ワード」の右にカーソルを移動し BackSpace キーを3回押して削除する

❶2行目の「ワード」の右をクリックしてカーソルを移動し BackSpace キーを3回押して削除する
❷「エクセル」と入力する
❸2行目の文章が「今日私はエクセルの練習をしました」と修正される

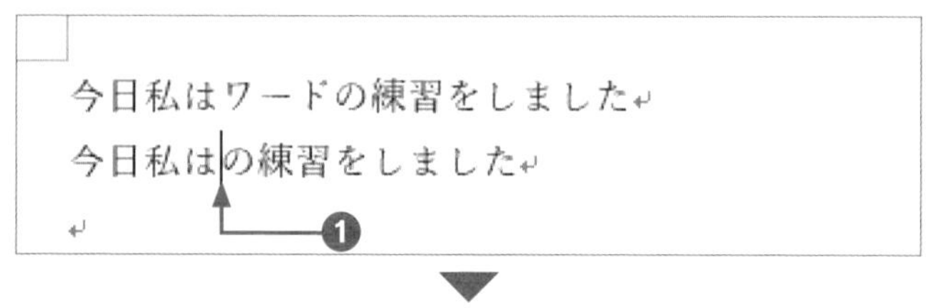

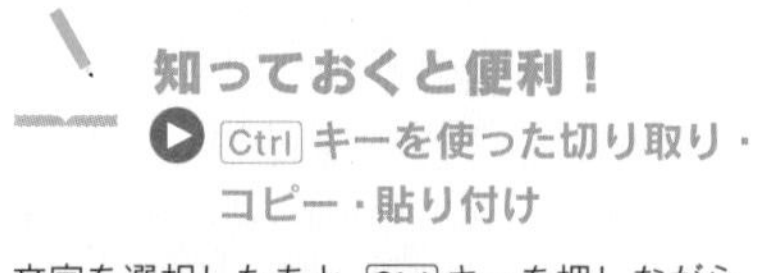

▶ Ctrl キーを使った切り取り・コピー・貼り付け

文字を選択したあと、Ctrl キーを押しながら X キーを押すことで切り取りを行うことができます。コピーは Ctrl キーを押しながら C キーを押します。貼り付けは Ctrl キーを押しながら V キーを押して行います。

2-8

学習時間の目安 05 min

学習日・理解度チェック

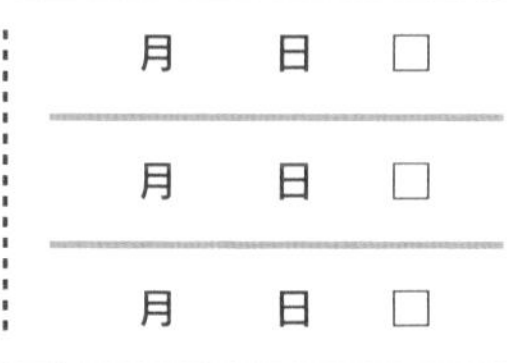

入力した文章を保存しよう

これまでに入力した文章を、文書としてファイルに保存する方法を学びます。

文書の保存

Wordでは文書をファイルに保存できます。保存したファイルは、あとで開いて再び使用することができます。ここではパソコンの中の［ドキュメント］フォルダーに保存します。

やってみよう—Word文書を保存する

これまでに入力した文章を、［ドキュメント］フォルダーに「練習」という名前で保存しましょう。

1 保存する場所を選択します。

❶［ファイル］タブをクリックする
❷［名前を付けて保存］をクリックする
❸［このPC］をクリックする
❹［ドキュメント］をクリックする

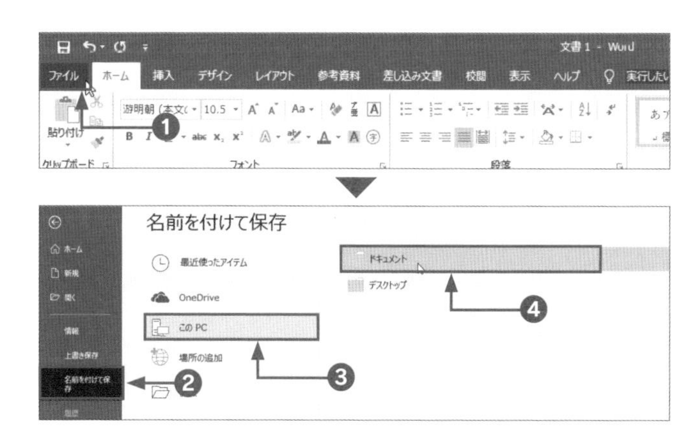

2 ファイル名を付けて保存します。

❶［名前を付けて保存］ダイアログボックスが表示される
❷［ファイル名］ボックスに「練習」と入力する
❸［保存］ボタンをクリックする

完成例ファイル 学習2-8（完成）

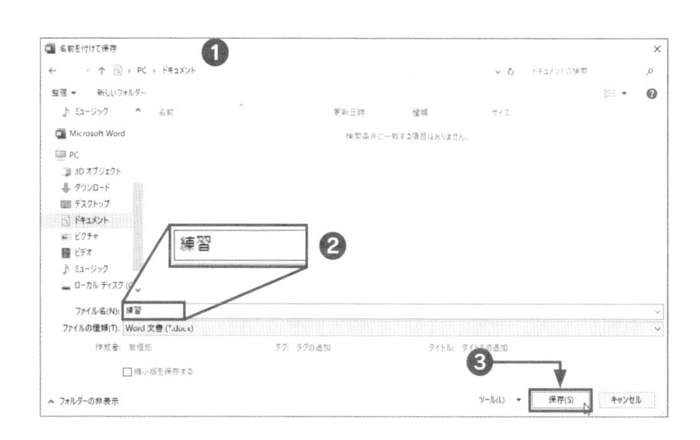

Chapter 2

学習日・理解度チェック

月	日	□
月	日	□
月	日	□

練習問題

練習2-1

次の操作を行いましょう。

❶Wordで白紙から文書を作成し、次の漢字を入力しましょう。

移動　異動　異同　以外　意外　遺骸　豊富　抱負　平行　並行　平衡　繁栄　反映
発行　発酵　発効　薄幸　特徴　特長　侵入　進入　信仰　進行　振興　侵攻　親交

❷次のカタカナを入力しましょう。

ファックス　ビルディング　メディアリテラシー　マーケティング　クォーターバック
ヴァイオリン　ティンパニー　モツァレラチーズ　ツァラトゥストラ　リュックサック

❸次の英字を、半角で大文字・小文字を区別しながら入力しましょう。

Apple　Microsoft　Excel　PowerPoint　Sunday　Monday　Tuesday　Wednesday
Thursday　Friday　Saturday　classic　jazz　pop　e-BOOK　TODAY　TOMORROW

❹❶～❸を入力した文書を、[ドキュメント]フォルダーに「練習2-1」という名前で保存しましょう。

完成例ファイル　練習2-1（完成）

練習2-2

次の操作を行いましょう。

❶Wordで白紙から文書を作成し、次の文章を入力しましょう。

二葉町内会では、毎年恒例のボランティア参加者を募集します。今年も姉妹町内会として交流のある双葉町の農園からブルーベリー摘みのお手伝いのお願いがありました。毎年老若男女たくさんの方に参加いただき、双葉町との親睦を深めています。健康でおいしいブルーベリーをたくさん摘んでみんなで盛り上げましょう。
日時　：　20XX年X月10日（月）7:30　二葉公民館前集合
定員　：　大人・子供　合計30名

❷❶で入力した文章の、2行目の文章「農園から」を「ブルーベリー農園から」となるよう、ほかの箇所から同じ語句を探し「コピー」と「貼り付け」を使って修正しましょう。

❸❶～❷で入力した文書を、[ドキュメント]フォルダーに「練習2-2」という名前で保存しましょう。

完成例ファイル　練習2-2（完成）

Chapter 3

ファイル・フォルダーの操作

ファイルやフォルダーの名前を変更する方法、コピーや削除する方法などの基本操作を学習します。
また、ファイルを小さくするために圧縮したり、圧縮したファイルを展開する方法なども学びます。

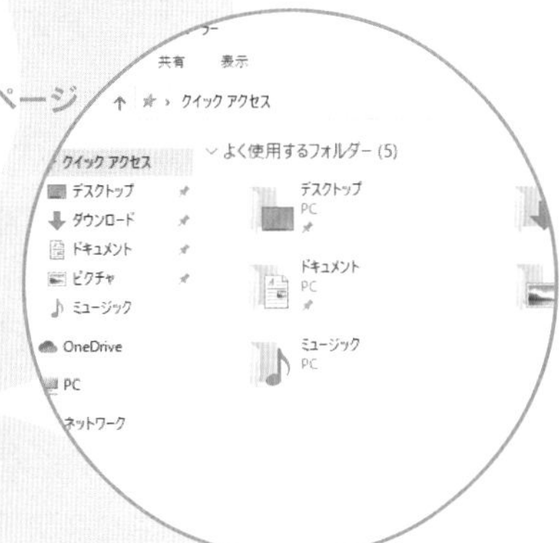

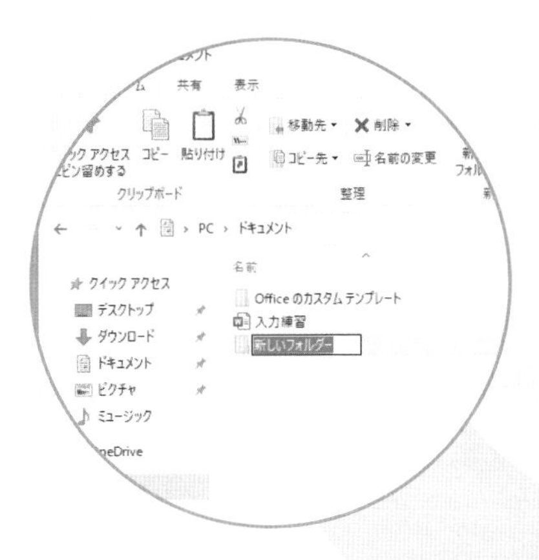

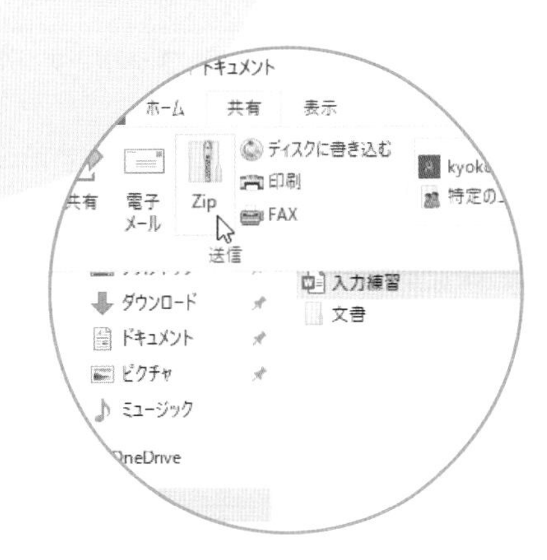

3-1

学習時間の目安 15 min　学習日・理解度チェック

月　日 □
月　日 □
月　日 □

ファイルの基本操作をマスターしよう

パソコンの中のデータは「ファイル」という単位で保存されています。ファイルが保存されている場所やファイルを移動する方法、ファイルの名前を変える方法などを理解しましょう。

保存されているファイルの確認

ファイルを確認するには、エクスプローラーで保存場所のフォルダーを開きます。また、ファイルのアイコンをダブルクリックすると、アプリが起動してファイルが表示されます。

やってみよう―[ドキュメント] フォルダーを開く

2-8 で保存したWordファイル「練習」を確認してみましょう。

1 エクスプローラーを表示します。

❶[エクスプローラー] ボタンをクリックする
❷エクスプローラーが表示される

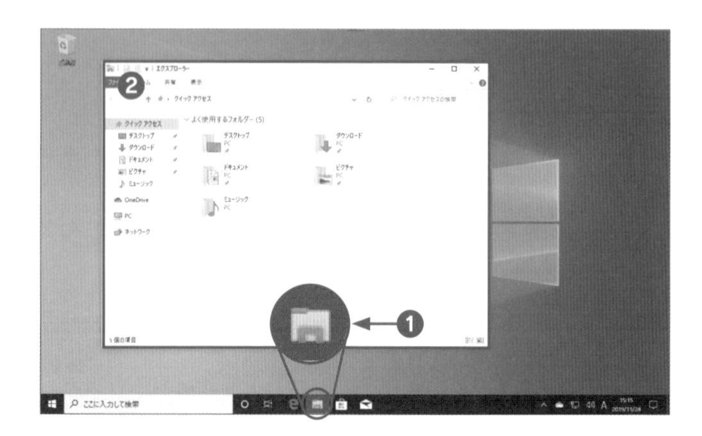

2 [ドキュメント] フォルダーを表示します。

❶[ドキュメント] をクリックする
❷[ドキュメント] フォルダーの内容が表示される
❸「練習」ファイルが保存されている

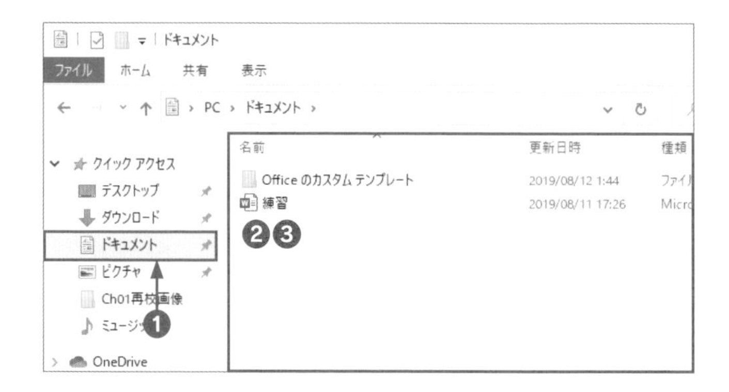

知っておくと便利！

フォルダーの表示形式

フォルダーの表示は、いくつかの種類に変更できます。表示されるファイルのアイコンのサイズなどに違いがあります。[表示] タブの [レイアウト] グループの一覧から表示形式を選択します。

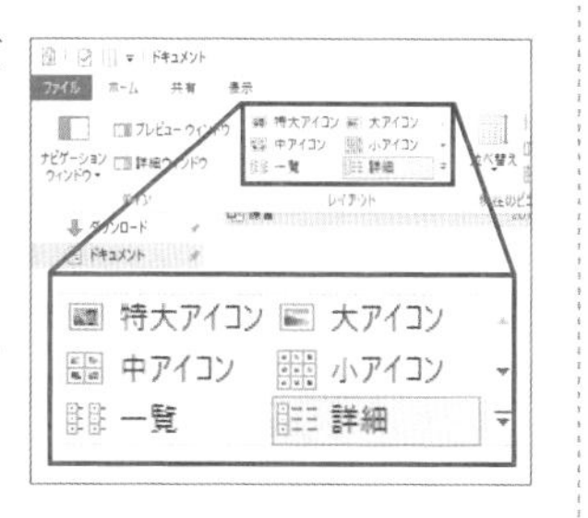

[主な表示形式]

・**特大アイコン**…アイコンのサイズが最大になります。
・**大アイコン／中アイコン／小アイコン**…アイコンのサイズがそれぞれ大・中・小になります。
・**一覧**…アイコンのサイズが小になり、ウィンドウ内にファイルがなるべく多く表示されるように並びます。
・**詳細**…ファイルが保存された日時やファイルの種類、ファイルのサイズなどが表示されます。

やってみよう―ファイルを開く・閉じる

2-8 で保存したWordファイル「練習」を開きましょう。

1 ファイルをダブルクリックします。

❶ファイル「練習」のアイコンをダブルクリックする

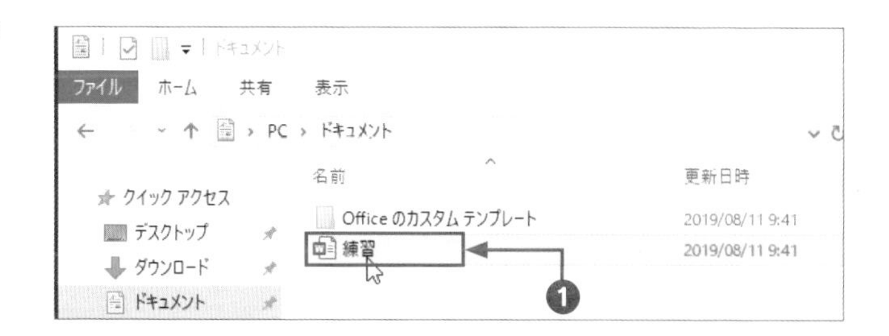

2 Wordが起動してファイルが開きます。

❶Wordが起動する
❷Wordのファイルが開く

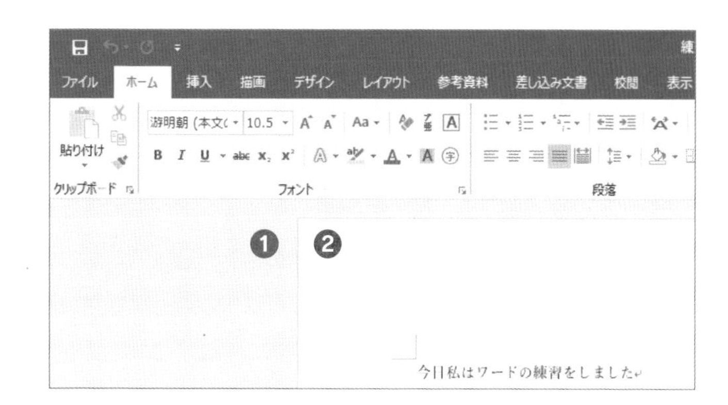

3 ファイルを閉じます。

❶[閉じる] ボタンをクリックする
❷ファイルが閉じてWordが終了する

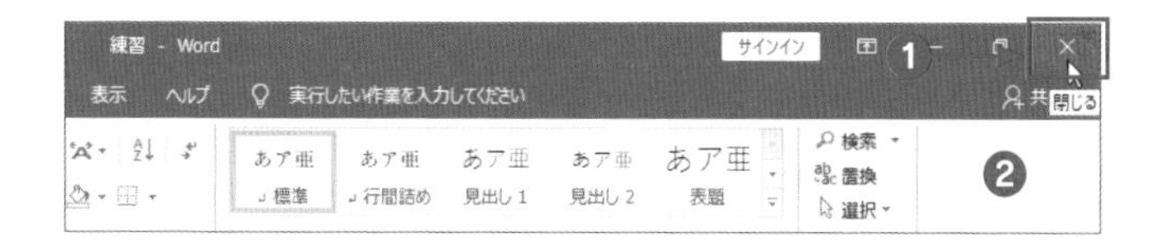

ファイルの移動

ファイルを移動するには、まず「切り取り」操作をしてから次に「貼り付け」操作をします。

やってみよう—ファイルを移動する

[ドキュメント] フォルダーの中のファイル「練習」をデスクトップに移動しましょう。

1 ファイルを切り取ります。

❶ファイル「練習」のアイコンを右クリックする
❷メニューが表示される
❸[切り取り] をクリックする

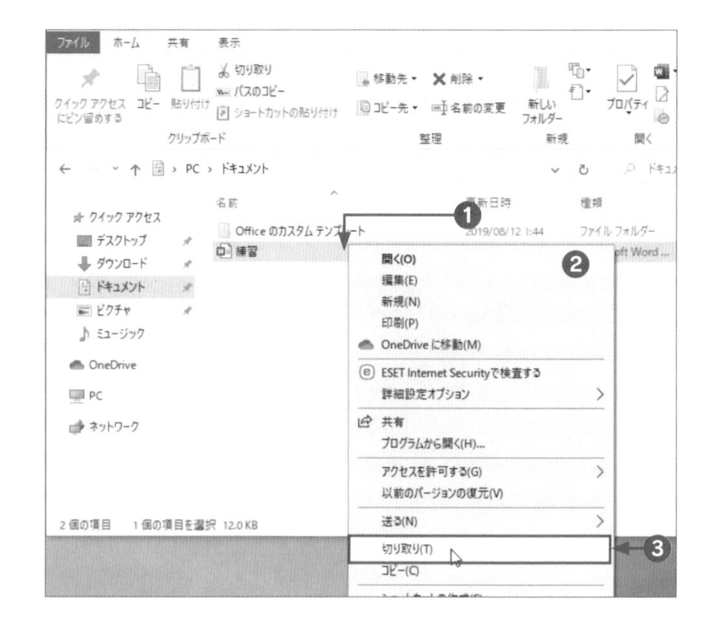

2 ファイルを貼り付けます。

❶[デスクトップ] を右クリックする
❷メニューが表示される
❸[貼り付け] をクリックする
❹ドキュメントにあったファイルが「デスクトップ」に移動する

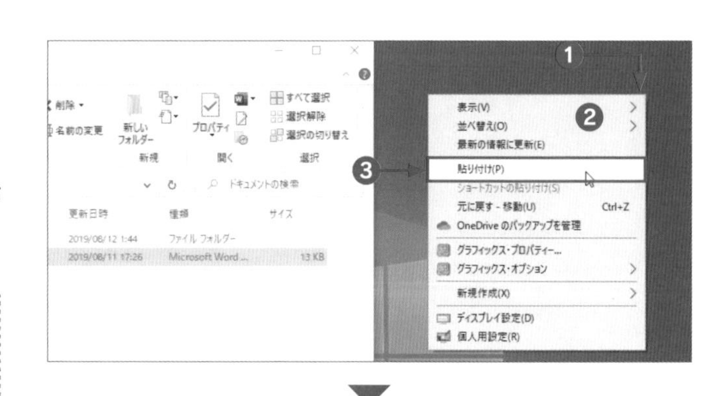

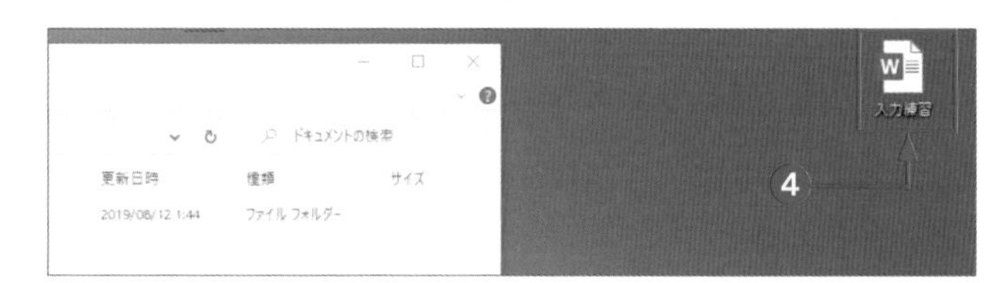

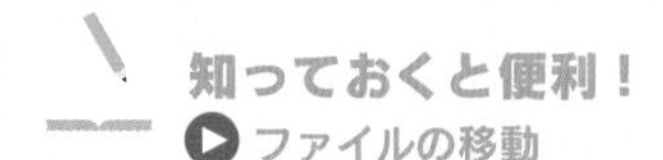

知っておくと便利！
▶ファイルの移動

ファイルを切り取り、移動させたいフォルダー内で、「貼り付け」を行うと、そのフォルダー内にファイルが移動します。
また、ファイルをドラッグして、移動先のフォルダー内でドロップすると、そのフォルダー内にファイルが移動します。

ファイル名の変更

ファイル名はいつでも変更することができます。ファイルを右クリックしたときに表示されるメニューから変更操作を行います。

やってみよう—ファイル名を変更する

デスクトップにあるWordファイル「練習」の名前を、「入力練習」に変更しましょう。

1 メニューを表示します。

❶ファイル「練習」のアイコンを右クリックする
❷メニューが表示される
❸[名前の変更]をクリックする

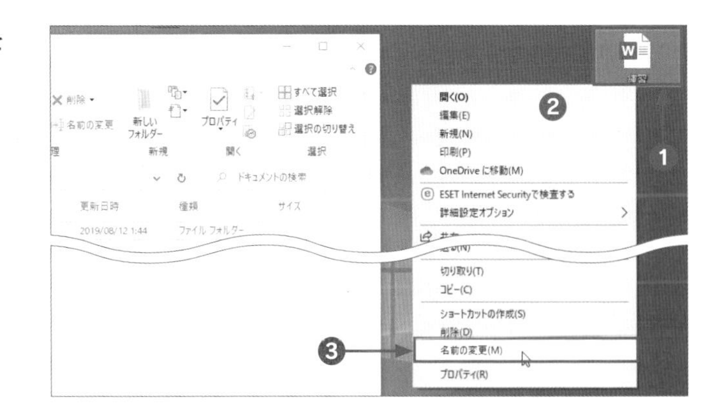

2 ファイル名が選択されます。

❶ファイル名の背景が青色になり、選択される
❷←キーを押す
❸カーソルが文字の先頭に移動する

ここがポイント!
▶ファイル名が選択されているときの操作

ファイル名が選択されているときに文字を入力すると、元のファイル名は削除されます。まったく異なるファイル名に変更する場合は、この手順で入力します。

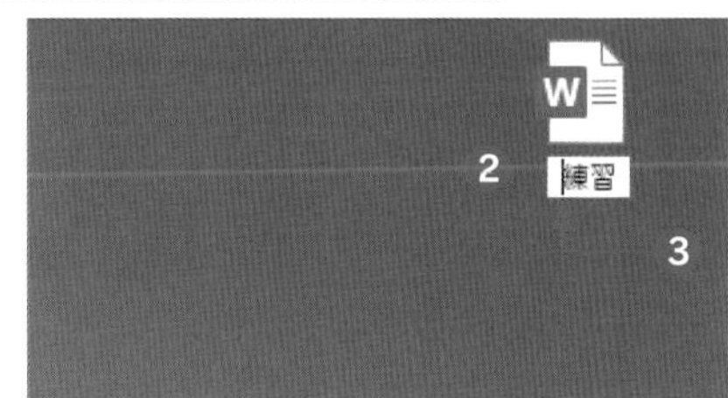

3 ファイル名を入力して確定します。

❶そのまま「入力」と入力する
❷ Enter キーを押す
❸ファイル名が確定する

3-2

学習時間の目安  min　学習日・理解度チェック

月	日	□
月	日	□
月	日	□

ファイルを コピー・削除しよう

同じ内容のファイルを簡単に複製することができます。また、不要になったファイルは削除しましょう。ファイルの数が増えると、目的のファイルを探しにくくなります。

ファイルのコピー

ファイルを複製するには、まず [コピー] 操作をしてから、次に [貼り付け] 操作をします。

やってみよう—ファイルをコピーする

デスクトップのWordファイル「入力練習」をコピーして[ドキュメント]フォルダーの中に貼り付けましょう。

1 ファイルをコピーします。

❶「入力練習」を右クリックする
❷メニューが表示される
❸[コピー] をクリックする

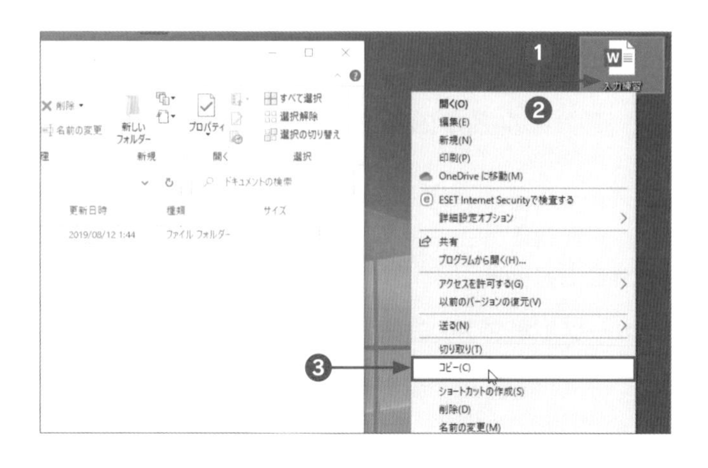

知っておくと便利！
▶ファイル名に「-コピー」が付く
同じフォルダーに同じ名前のファイルは保存できません。同じフォルダーに「貼り付け」の操作をした場合は、元のファイル名の後ろに「- コピー」が付いたファイル名になります。

2 ファイルを貼り付けます。

❶[ドキュメント] フォルダーの何もないところで右クリックする
❷メニューが表示される
❸[貼り付け] をクリックする

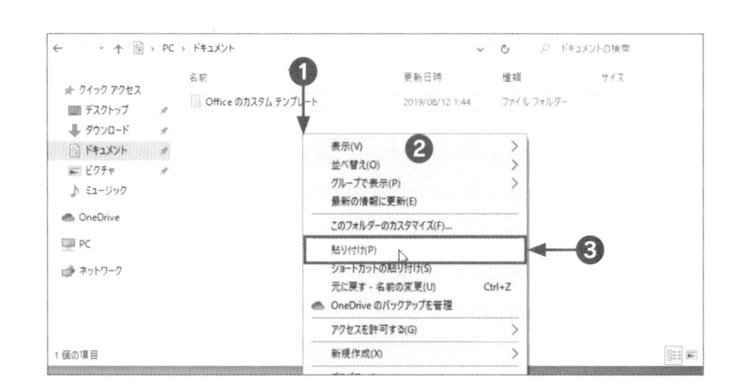

3 ファイルがコピーされます。

❶ ファイルがコピーされる

ファイルの削除

不要になったファイルは削除します。削除したファイルはごみ箱のなかに移動します。

やってみよう—ファイルを削除する

デスクトップのWordファイル「入力練習」を削除しましょう。

1 メニューを表示します。

❶ ファイル「練習」を右クリックする
❷ メニューが表示される
❸ [削除] をクリックする

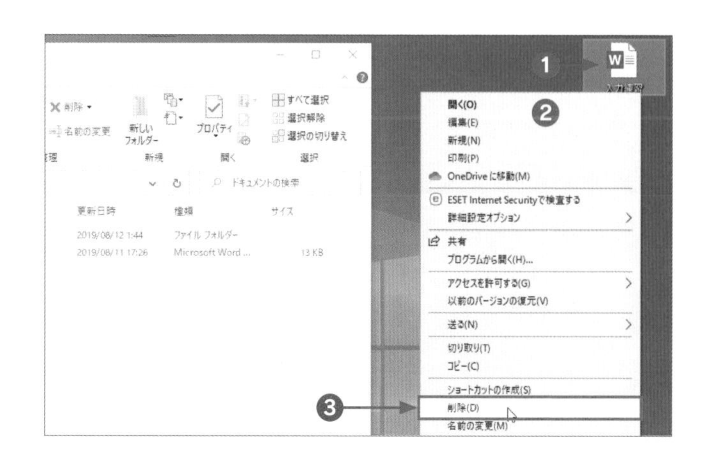

2 ファイルを削除します。

❶ ファイルが削除される
❷ ごみ箱のアイコンが変化する

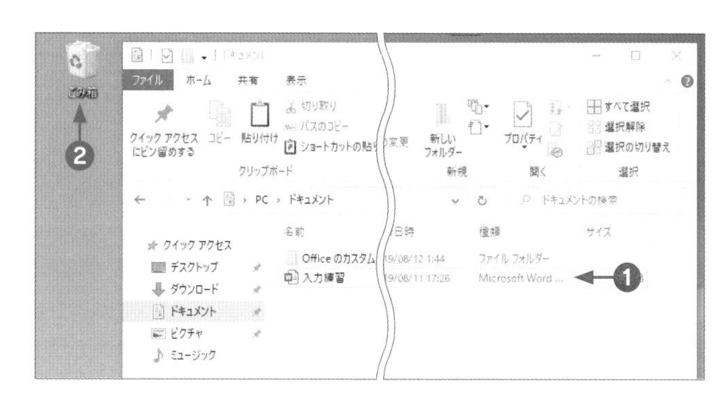

知っておくと便利！
ファイルの削除

ファイルをクリックして選択し Delete キーを押しても、削除することができます。この場合も、削除したファイルはごみ箱に移動します。

やってみよう—削除したファイルを元に戻す

削除したWordファイル「入力練習」をデスクトップに戻しましょう。

1 ごみ箱をダブルクリックします。

❶「ごみ箱」アイコンをダブルクリックする
❷「ごみ箱」の中身が表示される
❸元に戻したいファイルを右クリックする
❹メニューが表示される
❺[元に戻す]をクリックする

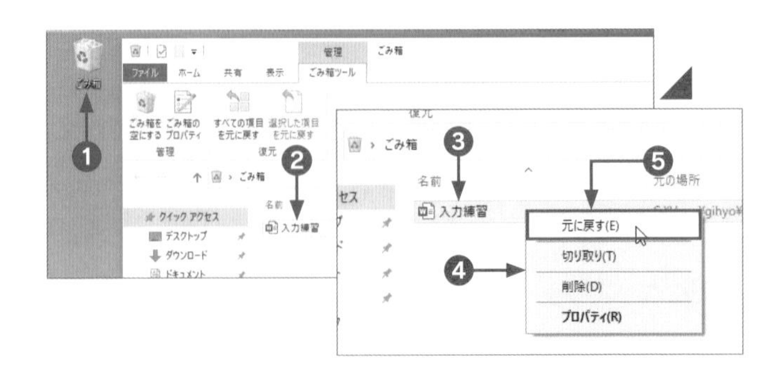

2 ファイルが元に戻ります。

❶ファイルがデスクトップに戻る

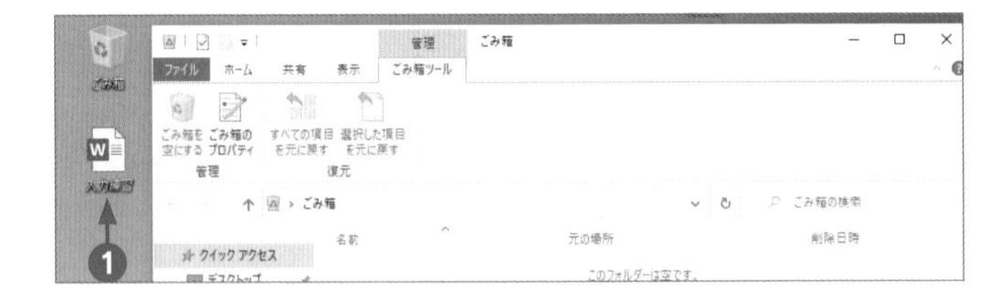

やってみよう—ごみ箱を空にする

「入力練習」をごみ箱に削除し、ごみ箱を空にしましょう。

1 ごみ箱を空にします。

❶もう一度、ファイル「入力練習」を削除する
❷「ごみ箱」アイコンを右クリックする
❸メニューが表示される
❹[ごみ箱を空にする]をクリックする
❺メッセージが表示される
❻[はい]をクリックする

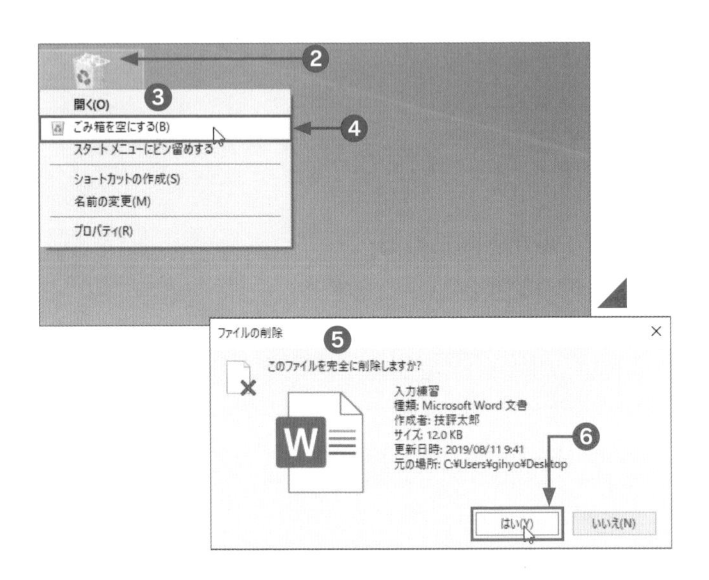

ステップアップ！

USBメモリにファイル保存

ファイルは、「USBメモリ」などパソコン外部の記憶装置に保存することができます。USBメモリは、小型で持ち運びやすく、USBコネクターを接続できるパソコンに差し込んで使います。USBメモリに保存したファイルは、ほかのパソコンにコピーすることもできます。

USBメモリの使い方

まずUSBメモリをパソコンのUSBポートに差し込みます。すると、エクスプローラーにUSBメモリのアイコンが表示されます。USBメモリがパソコンに表示されると、ほかのフォルダーと同じように扱うことができます。
USBメモリにファイルをコピーするときには、「送る」という操作を利用することができます。コピーしたいファイルを右クリックするとメニューが表示されます。[送る] をポイントして、表示されたメニューから [USB] のアイコンをクリックします。USBメモリの名前は、メーカーによって異なります。確認してからファイルを送るようにしましょう。

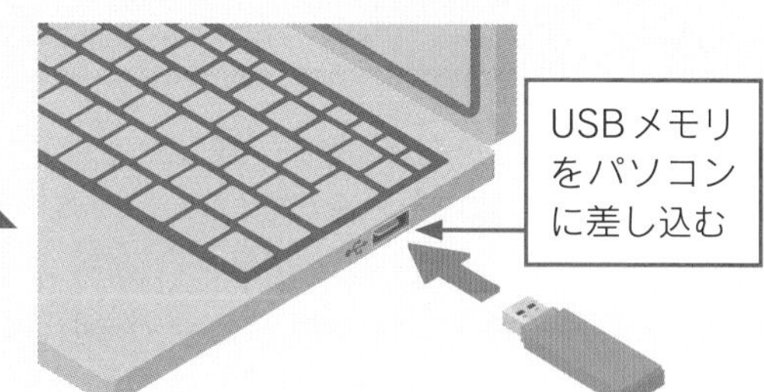

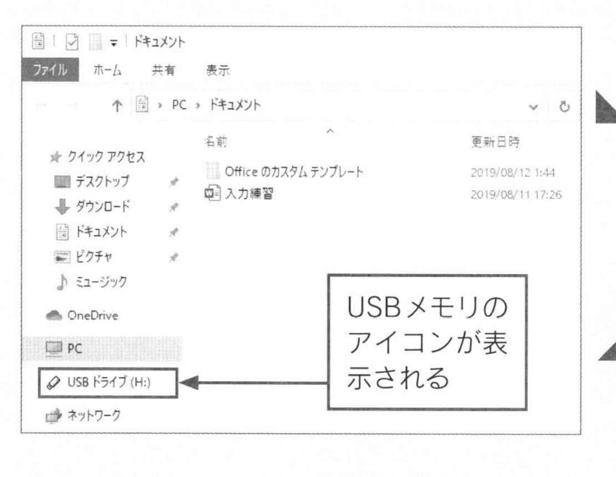

USBメモリの取り外し方

USBメモリをパソコンから外すときには、データが壊れないように安全に取り外す手順があります。タスクバーの [隠れているインジケーターを表示します] をクリックし、USBメモリのアイコンをポイントします。すると、[ハードウェアを安全に取り外してメディアを取り出す] と表示されます。アイコンをクリックして取り出したいUSBメモリをクリックします。

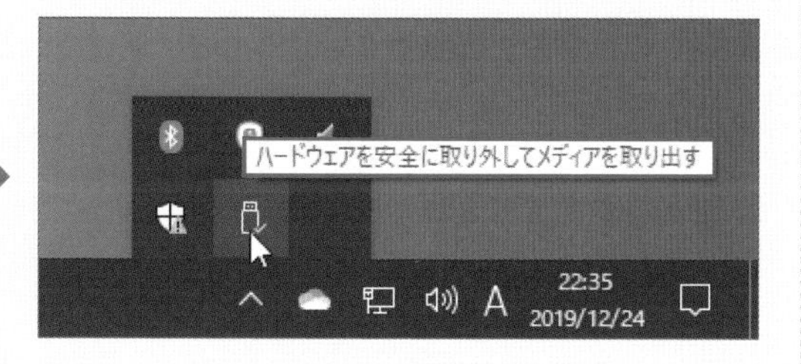

3-3

学習時間の目安 10 min　学習日・理解度チェック

フォルダーの基本操作をマスターしよう

月　日　□
月　日　□
月　日　□

フォルダーはファイルをまとめて整理する入れ物です。フォルダーは自分で作成し、名前を付けることができます。フォルダーにわかりやすい名前を付けてファイルを上手に整理できるようにしましょう。

フォルダーの表示

パソコンの中のフォルダーやハードディスク、パソコンに接続しているデータを記憶している装置を確認するには、エクスプローラーを起動して [PC] をクリックします。

やってみよう―PCの中を表示する

エクスプローラーからPCの中身を表示しましょう。

1 [PC] のウィンドウを表示します。

❶エクスプローラーを起動し、[PC] をクリックする
❷はじめから用意されているフォルダーが表示される
❸パソコンに接続しているハードディスクやDVDドライブが表示される
❹[←]ボタンをクリックする

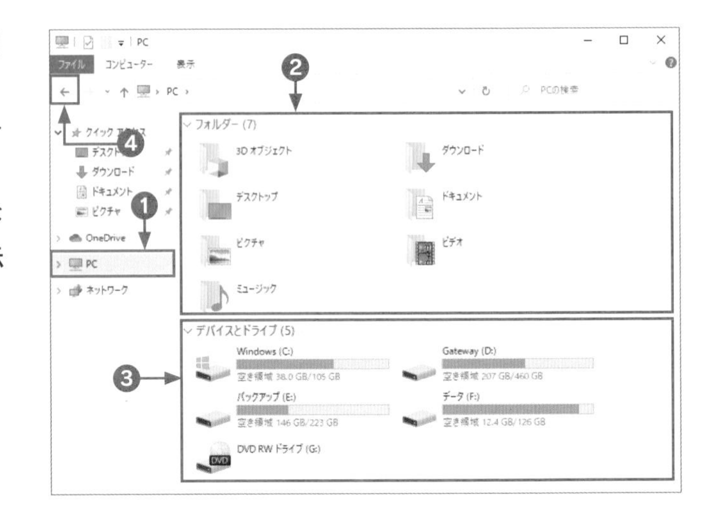

2 ひとつ前の画面に戻ります。

❶直前のフォルダーに戻る

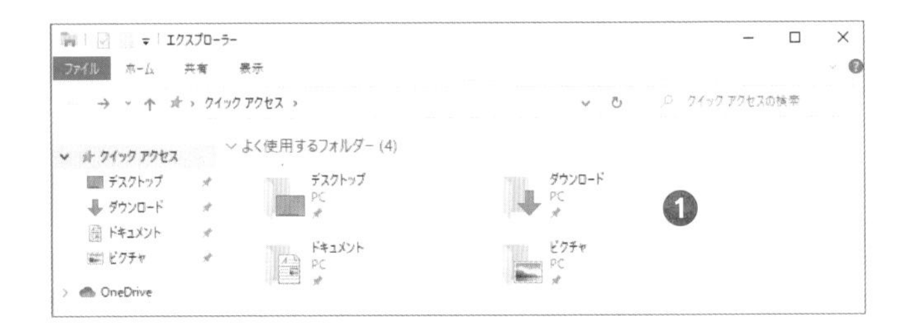

やってみよう―ダブルクリックでフォルダーを開く

[ドキュメント] フォルダーをダブルクリックして開きましょう。

1 [ドキュメント] フォルダーを開きます。

❶ [ドキュメント] をダブルクリックする

❷ [ドキュメント] フォルダーが開く

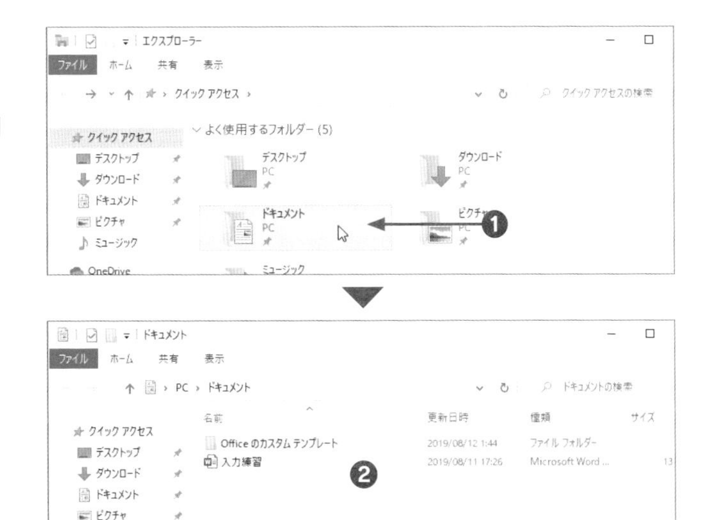

新しいフォルダーの作成

フォルダーは自分で自由な場所に作成することができます。まず作成したい場所を開いてからフォルダーを作ります。最初に「新しいフォルダー」という名前のフォルダーが作られます。

やってみよう―新しいフォルダーを作成する

[ドキュメント] フォルダーに新しく空のフォルダーを作成しましょう。

1 「新しいフォルダー」を作成します。

❶ [ホーム] タブをクリックする

❷ [新規] グループの [新しいフォルダー] をクリックする

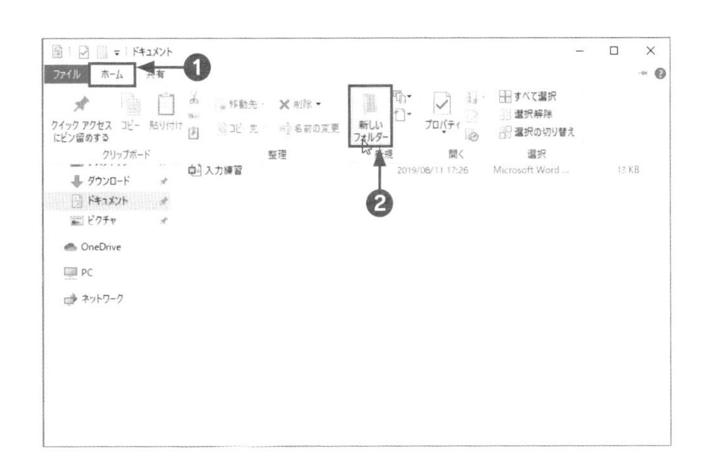

2 「新しいフォルダー」が作成されます。

❶「新しいフォルダー」という名前のフォルダーが作成される

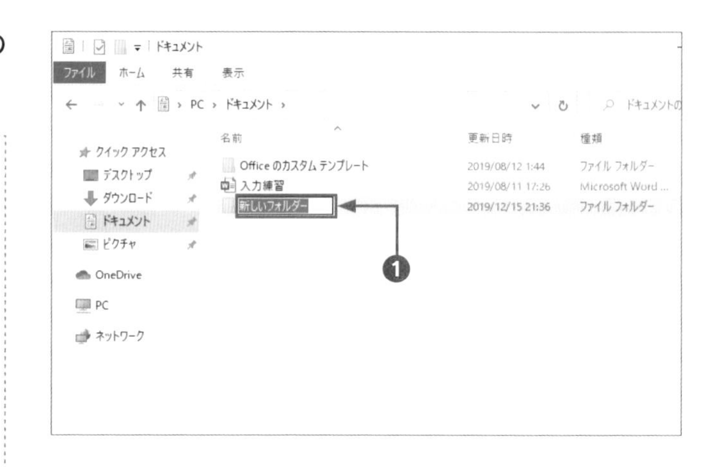

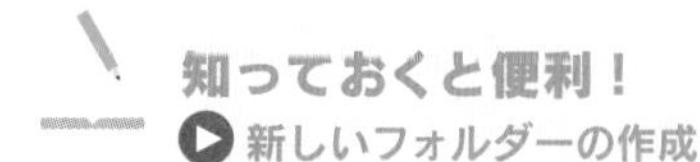

知っておくと便利！
▶ 新しいフォルダーの作成

フォルダーを作成したい場所で右クリックして、表示されるメニューから［新規作成］をポイントし、［フォルダー］をクリックすると［新しいフォルダー］という名前のフォルダーを作成できます。
また、Ctrl キーと Shift キーを押しながら N キーを押すと新しいフォルダーを作成することができます。

フォルダー名の変更

フォルダー名を変更するには、エクスプローラーの［ホーム］タブの［整理］グループの［名前の変更］ボタンをクリックします。

やってみよう―フォルダーの名前を変更する

「新しいフォルダー」の名前を「文書」に変更しましょう。

1 フォルダーの名前を変更します。

❶「新しいフォルダー」をクリックする
❷［ホーム］タブをクリックする
❸［整理］グループの［名前の変更］ボタンをクリックする

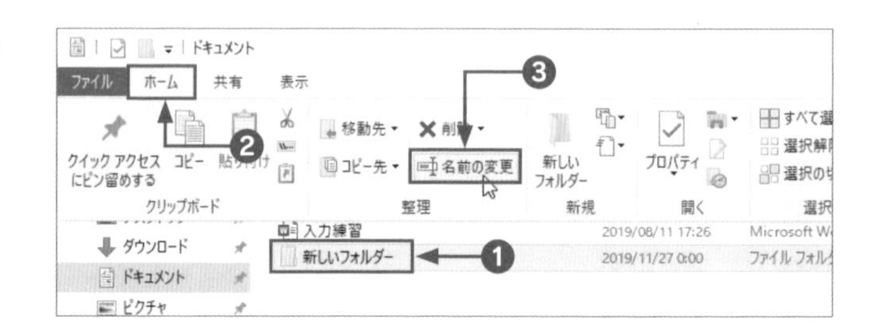

2 フォルダーの名前が選択されます。

❶フォルダー名が選択され、名前を変更する準備ができる

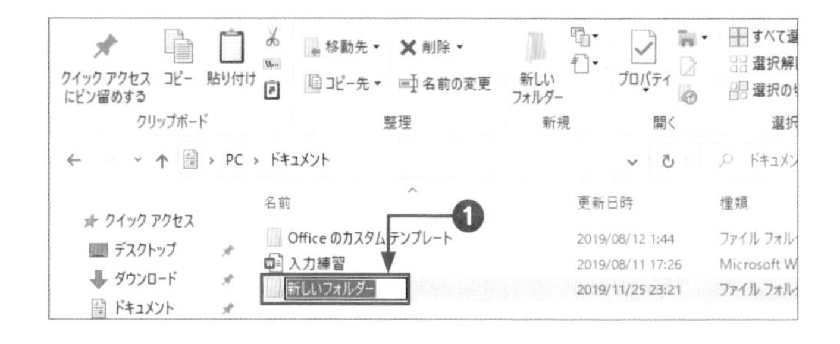

フォルダーの名前を入力します。

❶「文書」と入力する

❷ Enter キーを押して文字を確定する

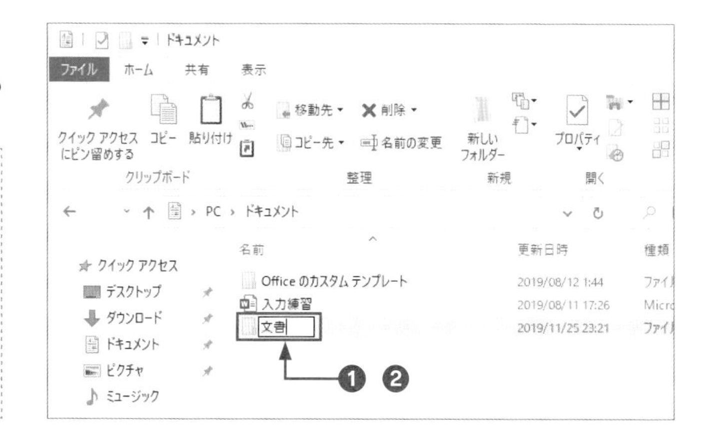

知っておくと便利！

フォルダー名の変更

名前を変更したいフォルダーを右クリックして、表示されるメニューから［名前の変更］をクリックします。フォルダー名が反転したらフォルダー名を入力し Enter キーを押して確定します。

知っておくと便利！

フォルダーの移動・コピー・削除

ファイルと同じ操作で、フォルダーは移動、コピー、削除を行うことができます。いずれも、フォルダーの中に保存されているファイルごと、移動、コピー、削除が行われます。

フォルダーの移動

フォルダーを移動するには、はじめに［切り取り］をしてから［貼り付け］操作をします。移動したいフォルダーを右クリックして表示されたメニューから［切り取り］をクリックします。移動させたいフォルダー内で右クリックして［貼り付け］をクリックします。

フォルダーのコピー

フォルダーをコピーするには、まず［コピー］をしてから［貼り付け］操作をします。コピーしたいフォルダーを右クリックして表示されたメニューから［コピー］をクリックします。コピー先のフォルダー内で右クリックして［貼り付け］をクリックします。同じフォルダー内に同じ名前のフォルダーは保存できないので、同じフォルダー名で移動やコピーをした場合は、「- コピー」が付いたフォルダー名になります。

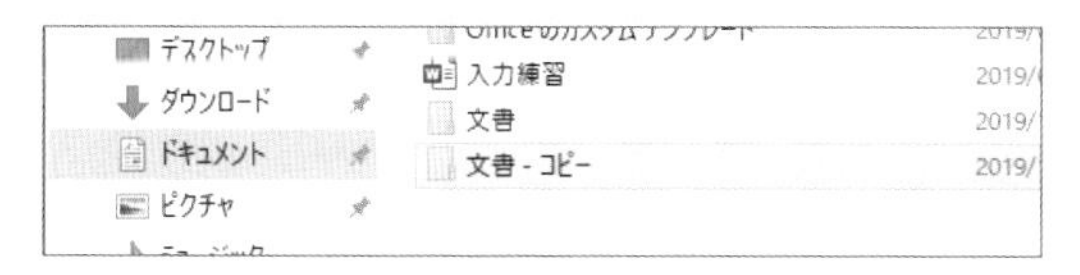

フォルダーの削除

不要になったフォルダーを削除するには、フォルダーを右クリックして表示されるメニューから［削除］をクリックします。または、フォルダーをクリックして選択してから Delete キーを押しても削除することができます。

削除したフォルダーは［ごみ箱］に送られます。削除したフォルダーを元の場所に戻したい場合は、フォルダーを右クリックして表示されるメニューから［元に戻す］をクリックします。

［ごみ箱］アイコンを右クリックして表示されるメニューから［ごみ箱を空にする］をクリックすると、ごみ箱から削除できます。このとき［ごみ箱］に入っているフォルダーもファイルも一度に削除されます。

3-4

学習時間の目安 15 min　学習日・理解度チェック

月　日 □
月　日 □
月　日 □

ファイルの「圧縮」と「展開」をマスターしよう

ファイルはデータの集まりなので、情報量が多くなると「サイズ」が大きくなります。ファイルは「圧縮」して、サイズを小さくすることができます。たとえば、メールでファイルを送るときなど、あまり大きなサイズのファイルだと相手が受け取れない場合もあります。そのようなときに圧縮します。圧縮を元に戻す「展開」の方法と一緒にマスターしましょう。

ファイルの圧縮

ファイルを圧縮するには、エクスプローラーの［共有］タブの［送信］グループの［Zip］ボタンをクリックします。

やってみよう―ファイルを圧縮する

［ドキュメント］フォルダーのファイル「入力練習」を圧縮してみましょう。

1 圧縮するファイルを選択します。

❶圧縮したいファイルをクリックする
❷［共有］タブをクリックする

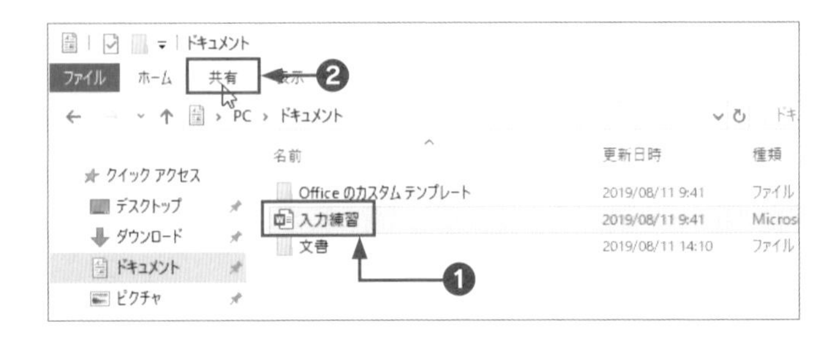

2 ファイルを圧縮します。

❶［送信］グループの［Zip］ボタンをクリックする

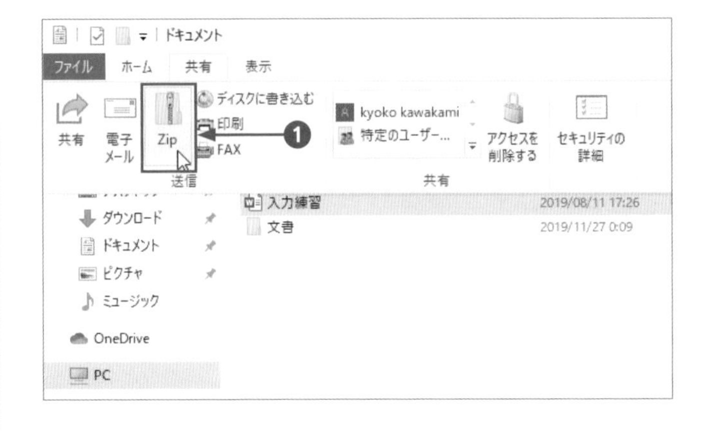

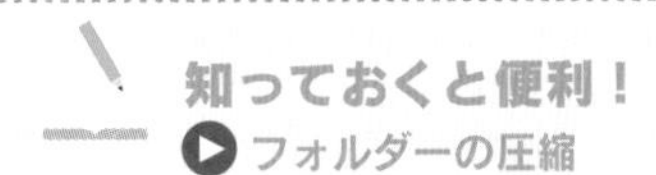

知っておくと便利！
フォルダーの圧縮

ファイルの圧縮と同じ操作でフォルダーを圧縮することができます。複数のファイルをまとめてフォルダーに入れておくと、ひとつの圧縮ファイルにまとめることができます。
複数のファイルをひとつのファイルとして扱うことができるようになるのは、圧縮のもうひとつの利点です。

3 ファイルが圧縮されます。

❶ファイルが圧縮される
❷「圧縮」したフォルダーのアイコンになる
❸ Enter キーを押してファイル名を確定する

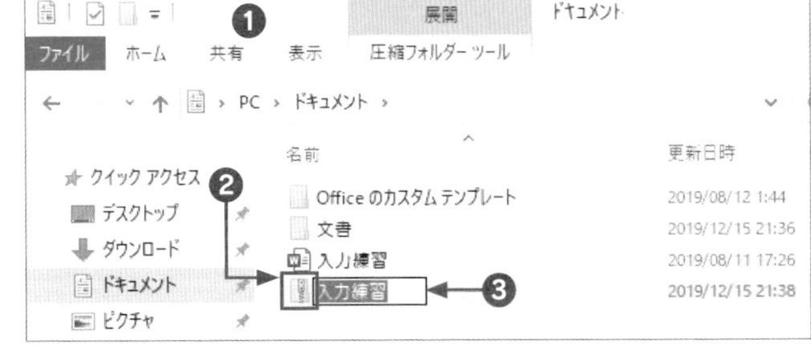

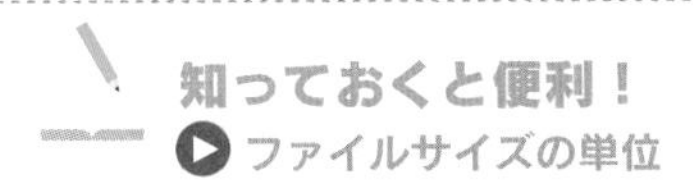

知っておくと便利！
▶ファイルサイズの単位

ファイルサイズは、B（バイト）という単位で表現されます。1Bを1000倍すると、1KB（1キロバイト）になります。さらに1KBを1000倍すると1MB（1メガバイト）になり、1MBを1000倍すると1GB（1ギガバイト）になります。

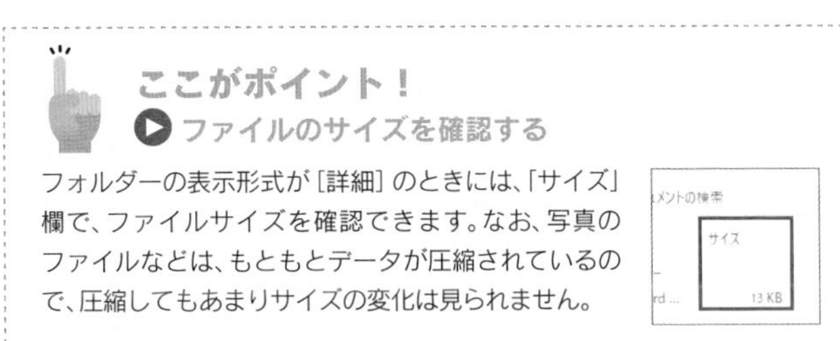

ここがポイント！
▶ファイルのサイズを確認する

フォルダーの表示形式が［詳細］のときには、「サイズ」欄で、ファイルサイズを確認できます。なお、写真のファイルなどは、もともとデータが圧縮されているので、圧縮してもあまりサイズの変化は見られません。

ファイルの展開

ファイルを展開するには、エクスプローラーの［圧縮フォルダーツール］タブの［すべて展開］ボタンをクリックします。

やってみよう—圧縮ファイルを展開する

圧縮されたファイル「入力練習」を展開してみましょう。

1 ファイルを選択します。

❶展開するファイルをクリックする
❷［圧縮フォルダーツール］タブをクリックする

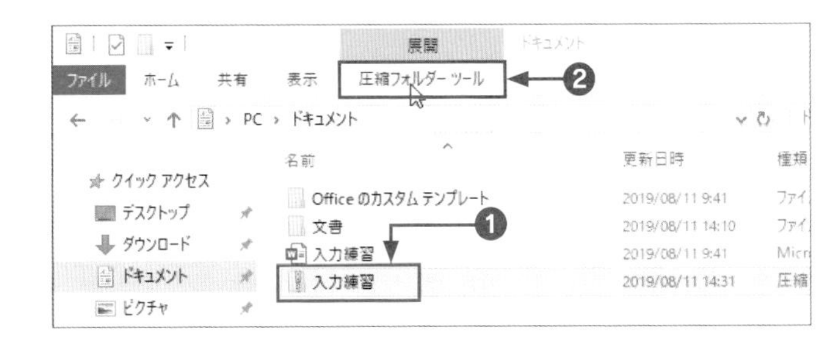

2 ファイルを展開します。

❶［すべて展開］をクリックする

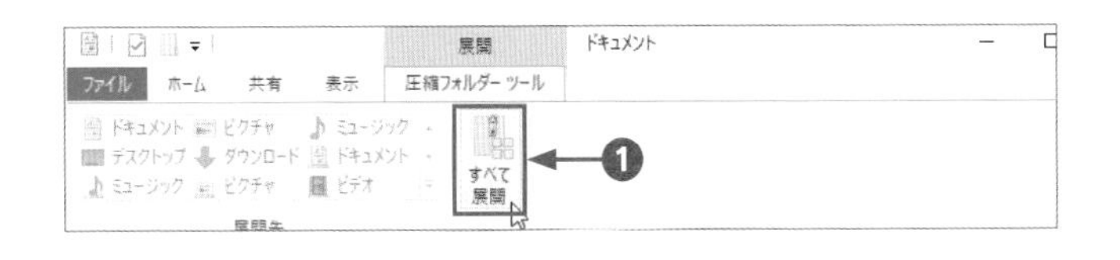

3 ファイルを展開する場所を指定します。

❶ [展開] ボタンをクリックする

ここがポイント！
▶ ファイルを展開する場所

ファイルを展開する場所は自由に指定することができます。[圧縮（ZIP形式）フォルダーの展開] ダイアログボックスの [参照] ボタンをクリックすると、[展開先を選んでください。] ダイアログボックスが表示されます。展開したい場所を選択して [フォルダーの選択] ボタンをクリックします。

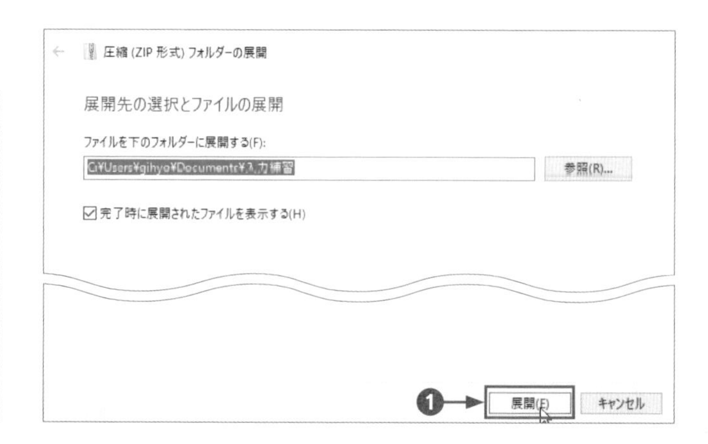

4 ファイルが展開されたフォルダーが開きます。

❶ ファイルが展開される

❷ フォルダーの内容が表示されたウィンドウが開く

知っておくと便利！
▶ ファイルの圧縮

圧縮したいフォルダーを右クリックして表示されるショートカットメニューから [送る] をポイントし、[圧縮（zip形式）フォルダー] をクリックします。

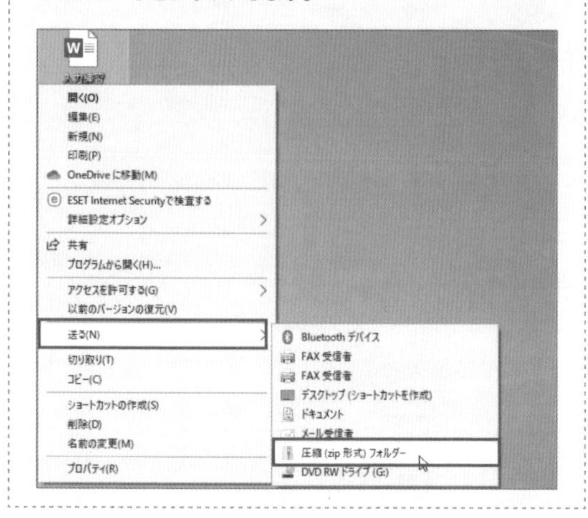

知っておくと便利！
▶ 圧縮ファイルの展開

展開したいフォルダーを右クリックして表示されるショートカットメニューから [すべて展開] をクリックします。[圧縮（ZIP形式）フォルダーの展開] ダイアログボックスが表示されるので、ファイルを展開する場所を指定して [展開] ボタンをクリックします。

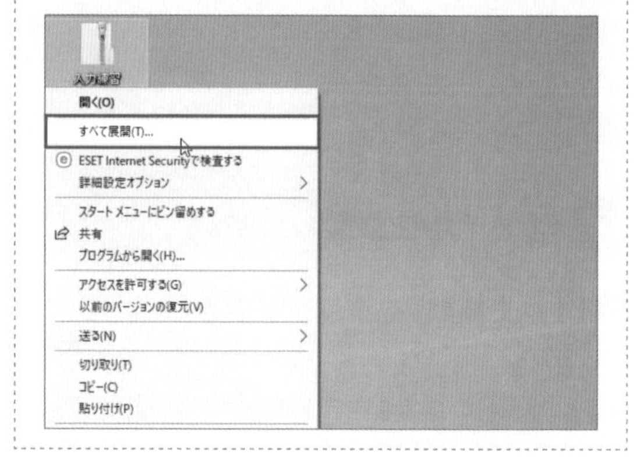

3-5

学習時間の目安 10 min　学習日・理解度チェック

月　日 □
月　日 □
月　日 □

ファイルやフォルダーを検索しよう

保存したファイルやフォルダーの場所がわからなくなったときに、パソコンの中から探し出す「検索」という機能があります。エクスプローラーやスタートメニューにある［検索］ボックスにキーワードを入力して検索します。

エクスプローラーから検索

ファイルやフォルダーに含まれる文字をキーワードにして検索します。エクスプローラーの［検索］ボックスを利用します。

やってみよう―エクスプローラーから検索する

「練習」というキーワードを含むファイルやフォルダーをエクスプローラーで検索してみましょう。

1 キーワードを入力します。

❶エクスプローラーを起動する
❷［検索］ボックスをクリックする
❸「練習」と入力する
❹ Enter キーを押して入力を確定する

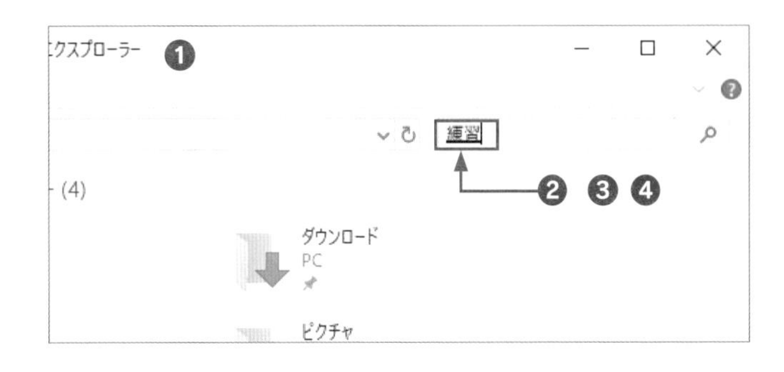

2 検索結果が表示されます。

❶検索されたファイルやフォルダーが表示される
❷キーワードにした文字列には黄色いマーカーが付く

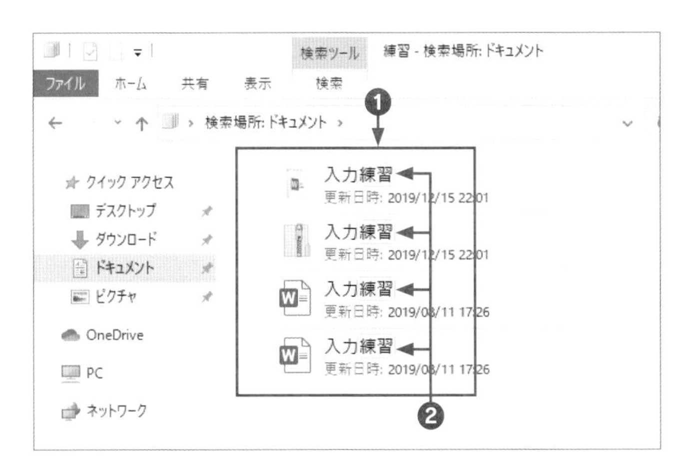

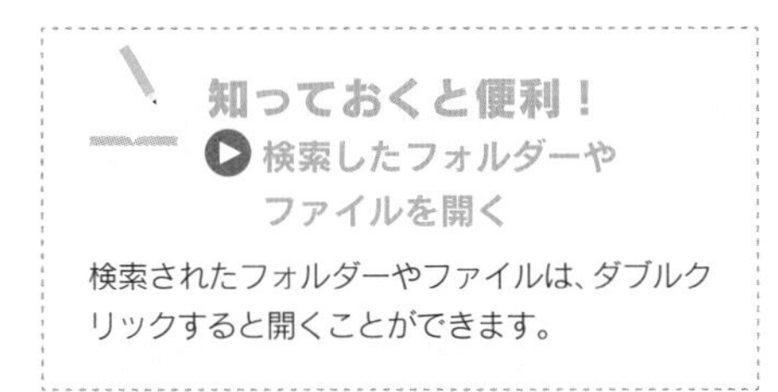

知っておくと便利！
▶検索したフォルダーやファイルを開く

検索されたフォルダーやファイルは、ダブルクリックすると開くことができます。

3 検索結果を閉じます。

❶［検索ツール］の［検索］タブをクリックする

❷［検索結果を閉じる］ボタンをクリックする

❸［閉じる］ボタンをクリックしてエクスプローラーを閉じる

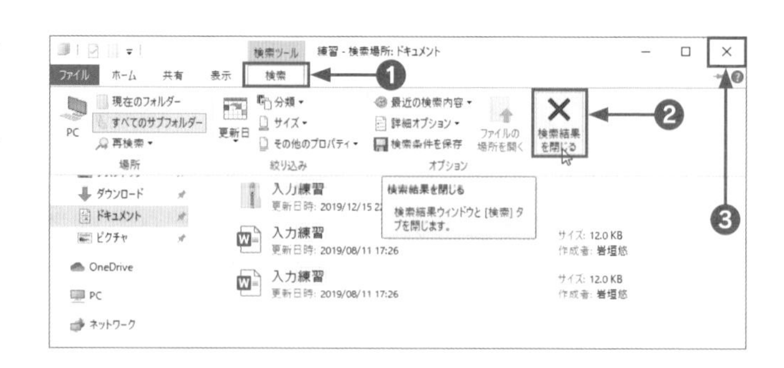

スタートメニューから検索

スタートメニューの［検索］ボックスを利用して、キーワードを含むフォルダーやファイルを検索します。このとき、同時にWebページも検索されます。

やってみよう―スタートメニューから検索する

「練習」というキーワードを含むフォルダーやファイルをスタートメニューで検索してみましょう。

1 キーワードを入力します。

❶［検索］ボックスをクリックする

2 検索結果が表示されます。

❶「練習」と入力する

❷ Enter キーを押す

❸パソコンの中からキーワードを含むフォルダーやファイルが表示される

❹キーワードを含むWebページの検索結果が表示される

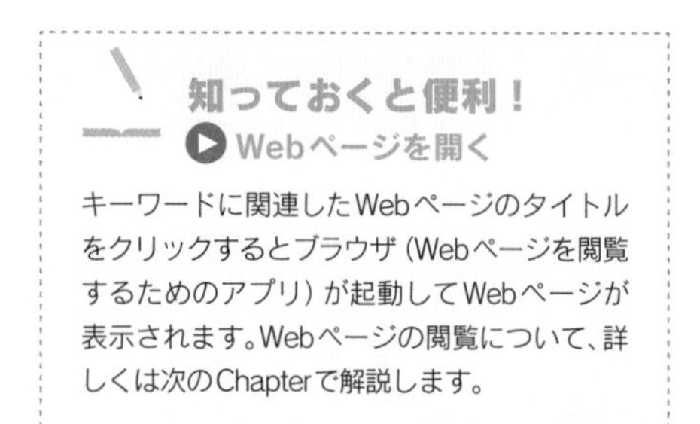

知っておくと便利！
▶ Webページを開く

キーワードに関連したWebページのタイトルをクリックするとブラウザ（Webページを閲覧するためのアプリ）が起動してWebページが表示されます。Webページの閲覧について、詳しくは次のChapterで解説します。

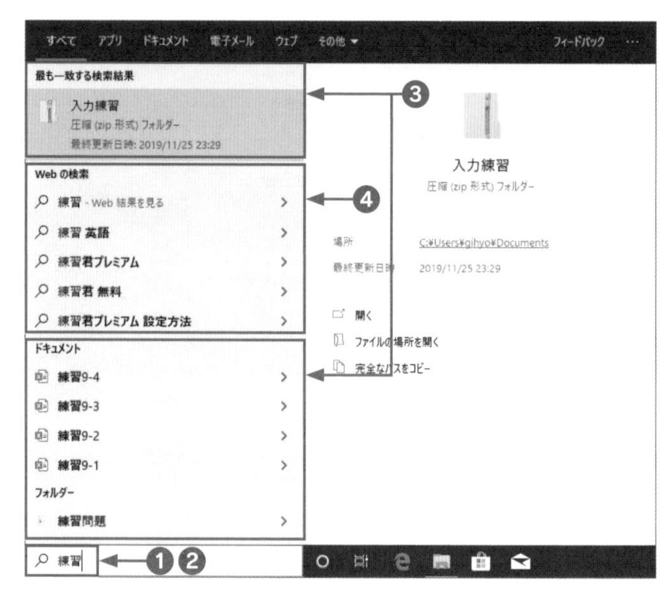

学習日・理解度チェック

月	日	□
月	日	□
月	日	□

練習問題

練習3-1

[ドキュメント] フォルダーに新しいフォルダーを作成しましょう。
新しく作成したフォルダーの名前を「メモ」に変更します。

練習3-2

メモ帳を起動して、以下のような文字を入力し [ドキュメント] フォルダーに作成した「メモ」というフォルダーに「日本三名園」というファイル名を付けて保存しましょう。

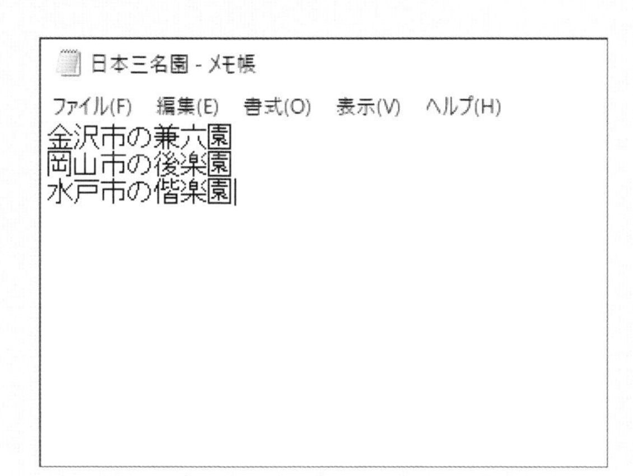

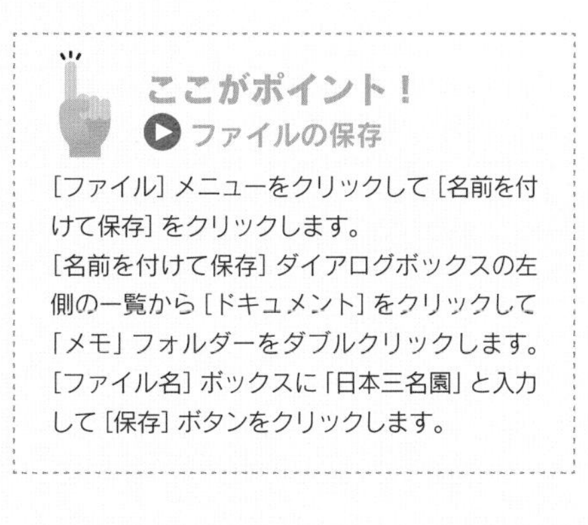

練習3-3

［ドキュメント］フォルダーの中の「メモ」というフォルダーに保存した「日本三名園」というファイルをデスクトップにコピーします。

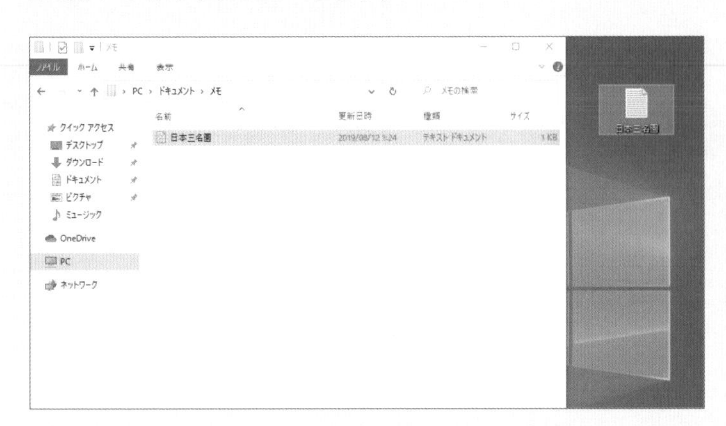

［ドキュメント］フォルダーを開いたら「メモ」フォルダーをダブルクリックして開きます。

練習3-4

ドキュメントの「メモ」フォルダーを圧縮しましょう。
圧縮した「メモ」フォルダーをデスクトップに展開しましょう。

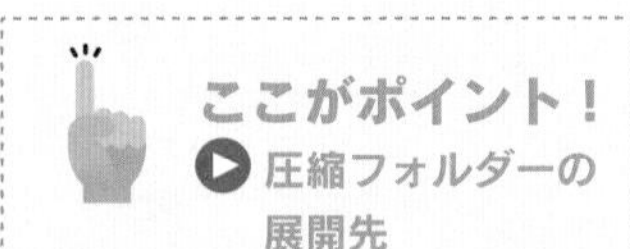

［圧縮フォルダーツール］タブの［すべて展開］をクリックして表示される［圧縮（ZIP形式）フォルダーの展開］ダイアログボックスの［参照］ボタンをクリックすると、［展開先を選んでください。］ダイアログボックスが表示されるので、「デスクトップ」をクリックして［フォルダーの選択］ボタンをクリックします。
［圧縮（ZIP形式）フォルダーの展開］ダイアログボックスの［展開］ボタンをクリックします。

練習3-5

デスクトップの「日本三名園」というファイルと「メモ」フォルダーを削除します。
ごみ箱を空にしましょう。

Chapter 4

インターネットの利用

ブラウザーでWebページを閲覧したり目的のページを探す方法などを学びます。
さらに、地図を活用する方法や動画を見たり、インターネット上にあるファイルをダウンロードする方法についても学習します。

4-1

学習時間の目安 05 min 学習日・理解度チェック

月 日 □
月 日 □
月 日 □

インターネットとは

ネットには「網」という意味があります。「ネットワーク」は、網を張りめぐらせたようなつながりのことです。
複数のパソコンをケーブルや無線などでつないで、通信できる状態にしたものも「ネットワーク」です。家庭や企業、学校などのネットワークを、さらに外のネットワークとつなげていくと、ついには地球規模でつながれた巨大ネットワークになります。これが「インターネット」です。

インターネットでできること

パソコンをインターネットに接続すると、世界中のコンピュータと情報のやりとりができるようになります。Webページを見たり、メールをやり取りしたり、SNSを利用したりすることができるようになります。

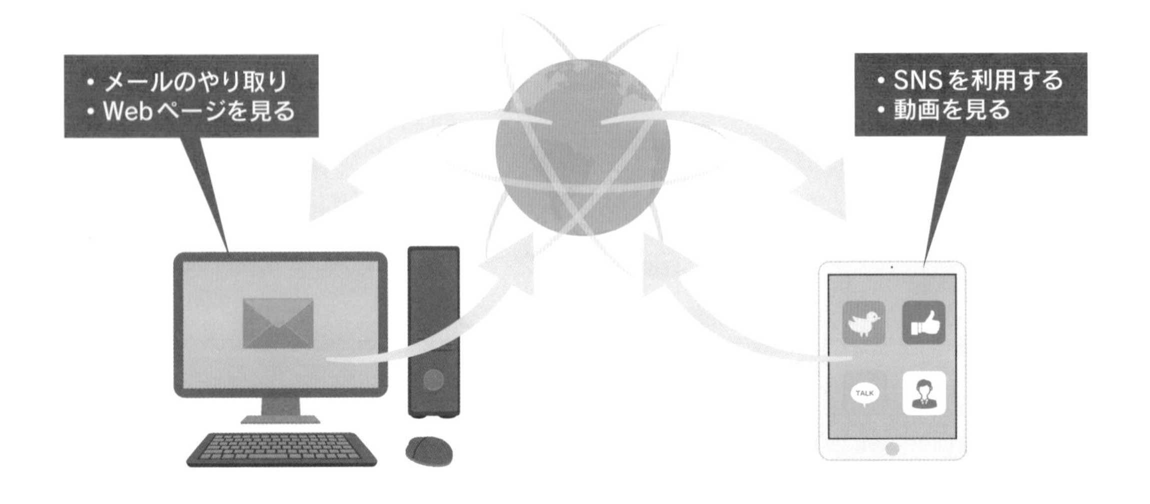

インターネットへの接続には、「プロバイダー」と呼ばれる通信事業者との契約や、専用の通信機器、パソコンでの接続設定などが必要です。本書では、インターネット接続が完了していることを前提に解説します。

インターネットを利用して、他人との交流ができるサービスをソーシャル・ネットワーキング・サービスといいます。世界最大のSNSであるFacebook（フェイスブック）、短いメッセージを共有するTwitter（ツイッター）、公開した写真などでつながっていくInstagram（インスタグラム）などが代表的です。

4-2

学習時間の目安  min　学習日・理解度チェック

月　日　☐
月　日　☐
月　日　☐

Webページを閲覧しよう

Webページを見るには、「ブラウザー」というアプリを使います。ブラウザーにはいくつかの種類がありますが、ここでは「Microsoft Edge」（マイクロソフトエッジ）というブラウザーを利用してWebページを閲覧する方法を学習します。

Microsoft Edgeの起動

Microsoft Edgeを起動するには、タスクバーのアイコンをクリックします。

やってみよう―ブラウザーを起動する

Microsoft Edgeを起動してみましょう。

1 「Edge」を起動します。

❶タスクバーの［Microsoft Edge］アイコンをクリックする
❷［Microsoft Edge］が起動する

キーワード
▶ブラウザーとは

Webページを閲覧するためのアプリをブラウザー、またはウェブブラウザーといいます。Microsoft EdgeのほかにもSafariやGoogle Chromeなど、さまざまな種類があります。

知っておくと便利！
▶ボタンからの起動方法

［スタート］ボタンをクリックして、表示されるスタートメニューの一覧から［Microsoft Edge］をクリックしても、［Microsoft Edge］を起動することができます。

Webページの表示

Webページは、ページごとに「URL」という住所のようなものが付与されています。このURLを入力してWebページを表示することができます。URLは、ブラウザー上部にある「アドレスバー」に入力します。

やってみよう―Webページを表示する

「gihyo.jp/」というURLをアドレスバーに直接入力して、「技術評論社」のWebページを表示しましょう。

1 アドレスバーにURLを入力します。

❶アドレスバーに「gihyo.jp/」と入力する

❷ Enter キーを押す

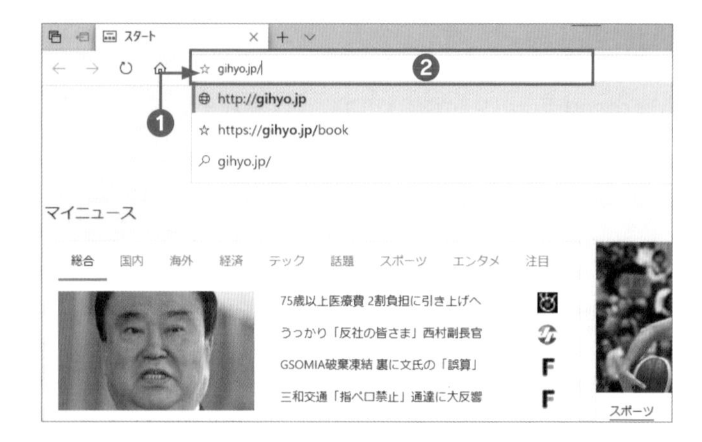

ここがポイント！
▶URLは半角で入力

URLは日本語入力モードをオフにして半角で入力します。/（スラッシュ）はキーボードの ? キーを、.（ピリオド）は ? キーの左隣のキーを押すと入力できます。

2 入力したアドレスのWebページが表示されます。

❶Webページが表示される

キーワード
▶URL

URLとは、インターネット上にあるWebページの場所を示す住所のようなものです。アドレスともいいます。正式なURLは「http」から始まります。たとえば「gihyo.jp/」の正式なURLは「https://gihyo.jp/」です。

知っておくと便利！
▶Webページをスクロールして表示する

Webページの閲覧をしているとき、ウィンドウの右側にあるスクロールバーを上下にドラッグすると、画面をスクロールできます。また、マウスのホイールを回して画面を上下にスクロールすることもできます。

リンク先のWebページの表示

Webページには「ハイパーリンク」という、ほかのWebページを参照している箇所があります。ハイパーリンクをクリックすると、参照先のWebページを表示できます。

やってみよう―リンク先のWebページを表示する

目的のWebページを表示するには、ハイパーリンクをクリックします。リンク箇所「新刊書籍」をクリックしてページを表示しましょう。

1 リンク箇所をクリックします。

❶「新刊書籍」をポイントする

❷マウスポインターが の形になったらクリックする

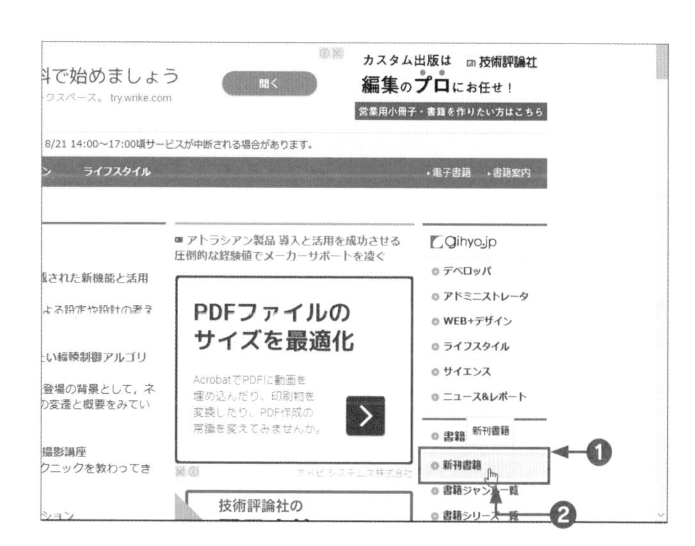

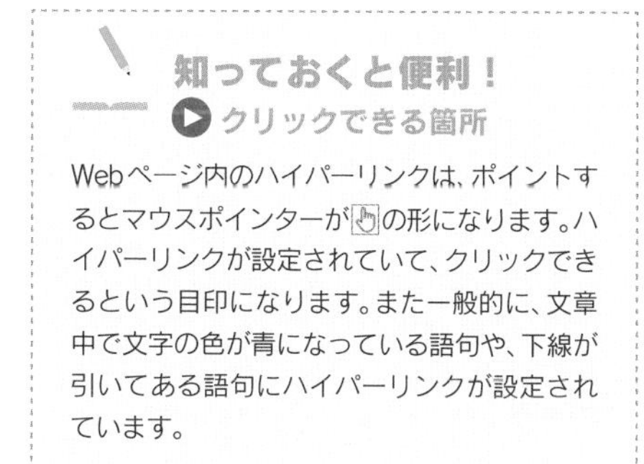

知っておくと便利！
▶クリックできる箇所

Webページ内のハイパーリンクは、ポイントするとマウスポインターが の形になります。ハイパーリンクが設定されていて、クリックできるという目印になります。また一般的に、文章中で文字の色が青になっている語句や、下線が引いてある語句にハイパーリンクが設定されています。

2 リンク先が表示されます。

❶リンク先のWebページが表示される

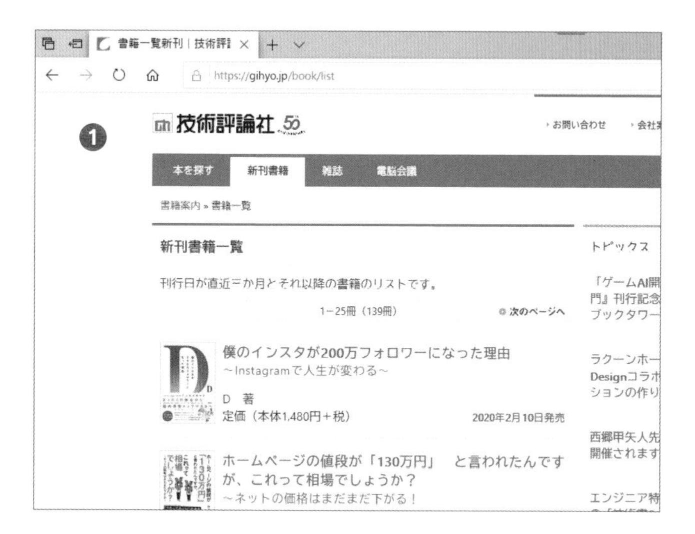

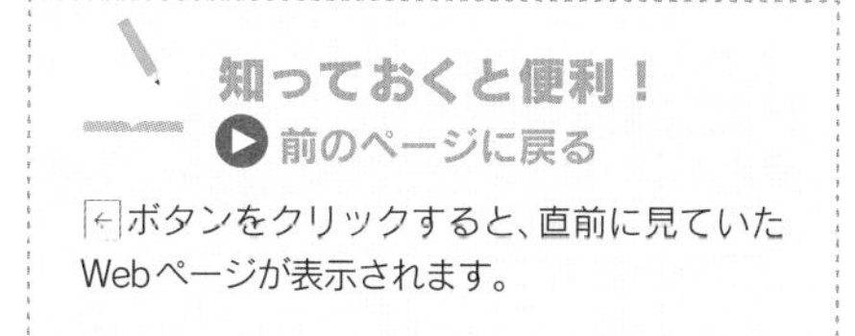

知っておくと便利！
▶前のページに戻る

ボタンをクリックすると、直前に見ていたWebページが表示されます。

4-3

学習時間の目安 05 min 学習日・理解度チェック

月 日 □
月 日 □
月 日 □

Webページを検索しよう

インターネット上には、膨大な量の情報があるので、必要な情報を探し出すには、検索機能を利用します。アドレスバーにキーワードを入力すると、関連するWebページの一覧が表示されるので、そこから目的のWebページを探します。

アドレスバーの使用

インターネット上の情報を検索するには、アドレスバーにキーワードを入力して、キーワードに関連するページの一覧を表示します。

やってみよう―アドレスバーを利用する

「東京」というキーワードでインターネットを検索し、「東京都公式ホームページ」を表示してみましょう。

1 検索のキーワードを入力します。

❶アドレスバーをクリックする
❷「東京」と入力する
❸ Enter キーを押す

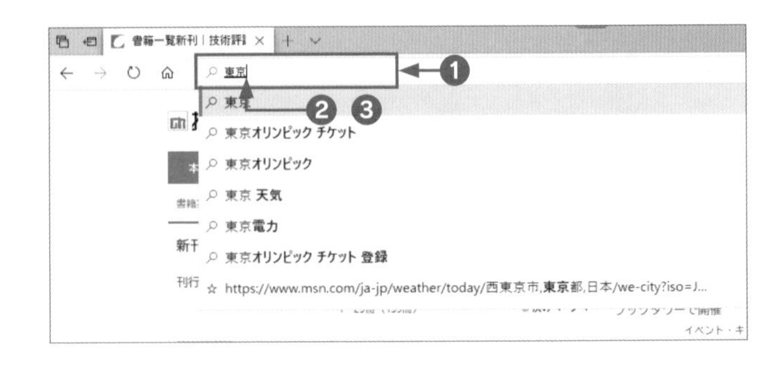

2 検索結果の一覧が表示されます。

❶「東京」というキーワードに合致したWebページが表示される
❷「東京都公式ホームページ」をポイントして、マウスポインターの形が👆になったらクリックする
❸「東京都公式ホームページ」のWebページが表示される

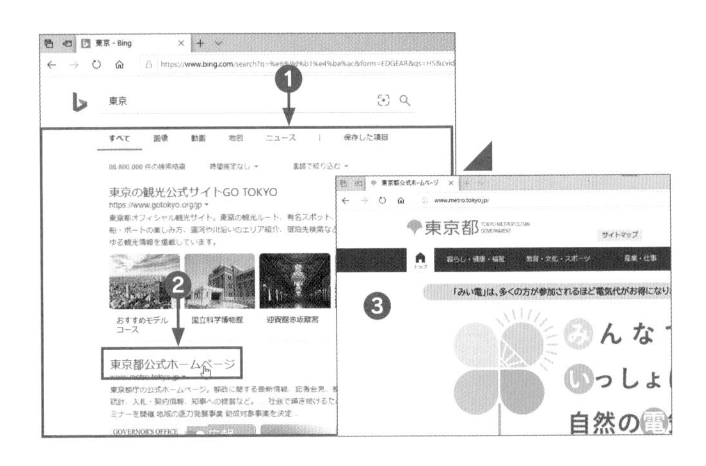

学習時間の目安 15 min　学習日・理解度チェック

月　日　□
月　口　□
月　日　□

インターネットで地図を調べよう

インターネットから地図のサービスを利用できます。目的地の地図を表示することはもちろん、出発地からの道順や距離なども調べることができます。

インターネットの地図の利用

インターネットで利用できる地図サービスには、いくつかあります。ここではGoogle社が提供する「Googleマップ」を利用します。

やってみよう—地図のWebページを表示する

GoogleマップのWebページを表示して、目的地の東京駅を表示しましょう。

1 Googleマップを表示します。

❶アドレスバーに「google.com/maps/」と入力する
❷ Enter キーを押す

2 目的地のキーワードを入力します。

❶「Googleマップ」のWebページが表示される
❷検索ボックスに「東京駅」というキーワードを入力する
❸ Enter キーを押す

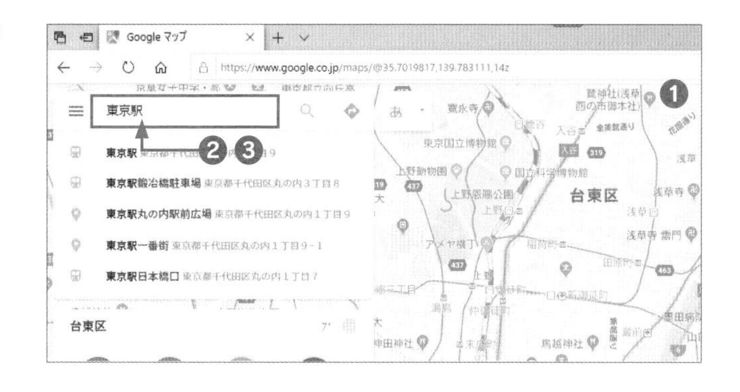

3 検索した地点にピンが表示されます。

❶検索した場所「東京駅」にピンが表示される
❷周辺の地図が表示される
❸検索した場所の情報が表示される

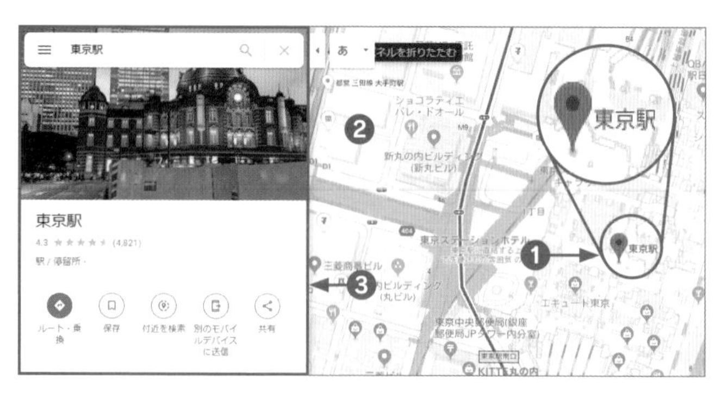

やってみよう—目的地までのルートを表示する

国立劇場から東京駅までの道のりや距離などを表示してみましょう。

1 目的地を入力します。

❶[ルート・乗換]をクリックする
❷目的地を確認する
❸[出発地]に「国立劇場」というキーワードを入力する
❹ Enter キーを押す

2 目的地までのルートが表示されます。

❶地図にルートが表示される
❷所要時間の短い順にルート案内が表示される

入力されている出発地と目的地は[出発地と目的地を入れ替える]ボタンをクリックして入れ替えることができます。

4-5

学習時間の目安  min 学習日・理解度チェック

月 日 □
月 日 □
月 日 □

インターネットで動画を見よう

インターネット上には、動画を投稿できる動画共有サイトが存在していて、多くの動画が公開されています。利用者は視聴することができます。

動画サイトの利用

インターネットから動画を見ることができるページは数多くあります。ここでは、世界最大の動画共有サイト「YouTube」を利用して動画を見てみます。

やってみよう—YouTubeの動画を視聴する

YouTubeのWebページを表示して、動画を視聴してみましょう。

1 YouTubeのページを表示します。

❶アドレスバーに「youtube.com/」と入力する
❷ Enter キーを押す

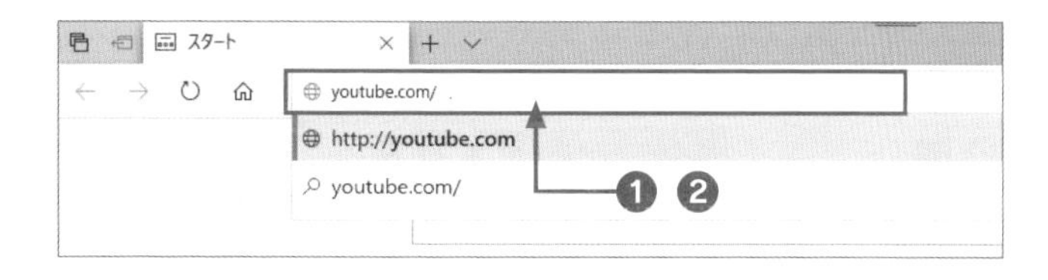

2 検索ボックスにキーワードを入力します。

❶「YouTube」のWebページが表示される
❷検索ボックスに「スペインのオリーブ畑」というキーワードを入力する
❸ Enter キーを押す

3 検索候補が表示されます。

❶「スペインのオリーブ畑」というキーワードに合致した一覧が表示される

❷目的の動画をクリックする

4 動画が表示されます。

❶選択した動画が表示され、再生が始まる

❷動画の画面をポイントする

❸ [全画面] ボタンが表示されるのでクリックする

5 動画が全画面で表示されます。

❶動画が画面いっぱいに表示される

動画を全画面で視聴していて、元の表示に戻すには Esc キーを押します。画面右下の［全画面モードの終了］ボタンをクリックしても元の表示に戻すことができます。

4-6

学習時間の目安 15 min　学習日・理解度チェック

月　日　□
月　日　□
月　日　□

「お気に入り」に登録しよう

よく利用するWebページは、「お気に入り」に登録しておくと、[お気に入り] の一覧から選択するだけで、すぐに表示できます。

Webページの [お気に入り] 登録

Webページを [お気に入り] に登録するには、[お気に入りまたはリーディングリストを追加します] ボタンをクリックします。

やってみよう—[お気に入り] に登録する

「技術評論社」のWebページを [お気に入り] に登録しましょう。

1 [お気に入り] に登録する準備をします。

❶「技術評論社」(gihyo.jp/) のWebページを表示する
❷ [お気に入りまたはリーディングリストに追加します] ボタンをクリックする

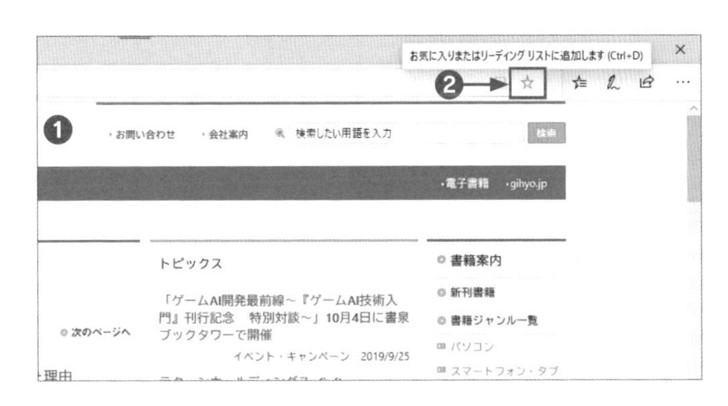

2 [お気に入り] に追加します。

❶「名前」を確認する
❷ [追加] ボタンをクリックする

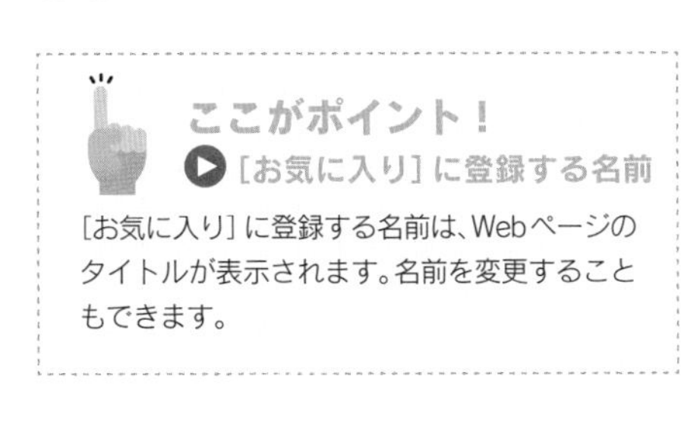
ここがポイント！
▶ [お気に入り] に登録する名前
[お気に入り] に登録する名前は、Webページのタイトルが表示されます。名前を変更することもできます。

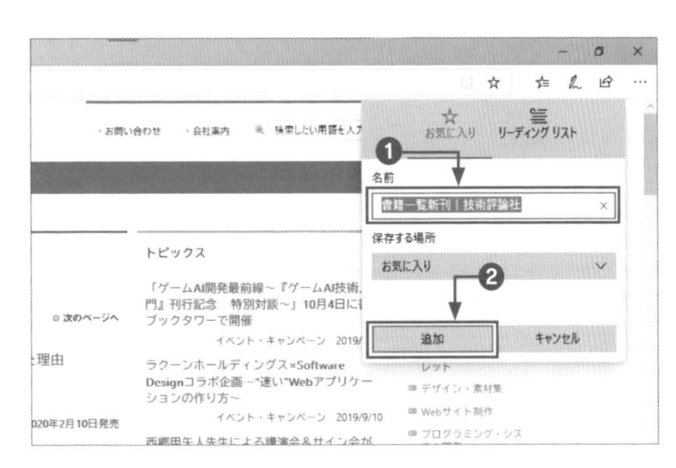

[お気に入り] の利用

[お気に入り] に登録したWebページを表示するには、[お気に入り] ボタンをクリックして目的のWebページをクリックします。

やってみよう―[お気に入り] に登録したWebページを表示する

[お気に入り] に登録した「技術評論社」のWebページを表示してみましょう。

1 [お気に入り] を利用します。

❶ Microsoft Edgeを起動する

❷ [お気に入り] ボタンをクリックする

2 一覧から目的のページを選択します。

❶ [お気に入り]に登録されているページの一覧が表示される

❷ 目的のページをクリックする

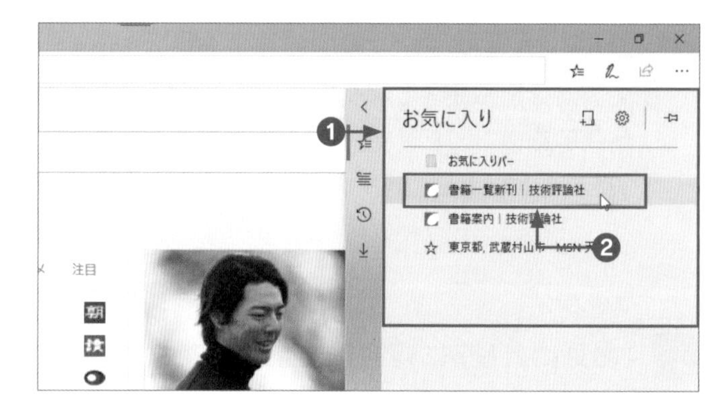

3 目的のWebページが表示されます。

❶ 目的のページが表示される

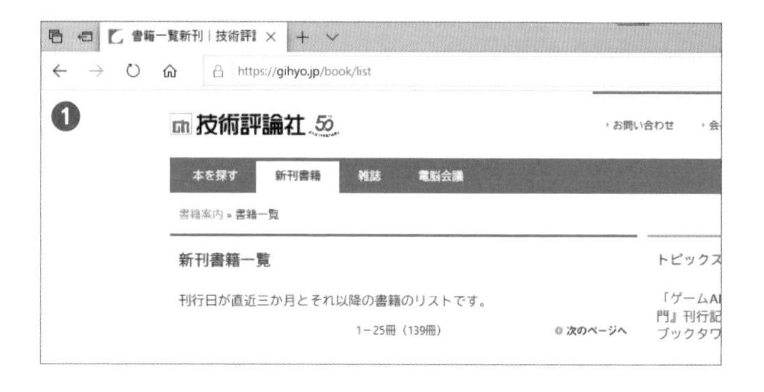

4-7

学習時間の目安  min 学習日・理解度チェック

月　日　□
月　日　□
月　日　□

Webページを印刷しよう

Webページは印刷することができます。外出時にWebページのプリントを持ち運びたいときなどに利用できます。ここではパソコンにプリンターが接続・設定済みで、利用できる状態になっていることを前提にして解説します。

Webページの印刷

Webページを印刷するには、[設定など] をクリックし、[印刷] をクリックします。

やってみよう—印刷プレビューを表示する

技術評論社「書籍案内」のWebページの印刷プレビューを確認してみましょう。

1 印刷のイメージを表示します。

❶ 技術評論社「書籍案内」(gihyo.jp/book) のWebページを表示する
❷ [設定など] をクリックする
❸ [印刷] をクリックする
❹ 印刷プレビューが表示される

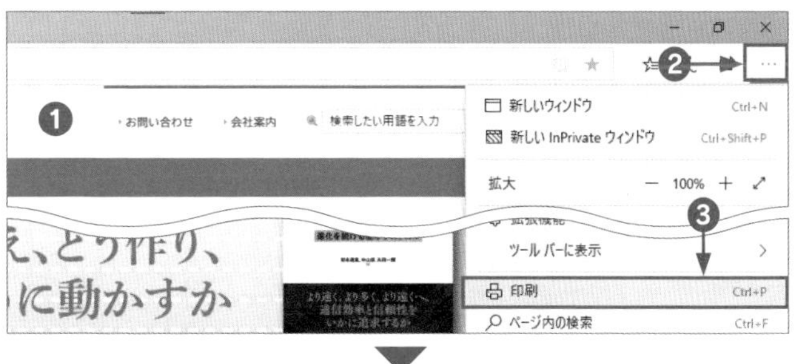

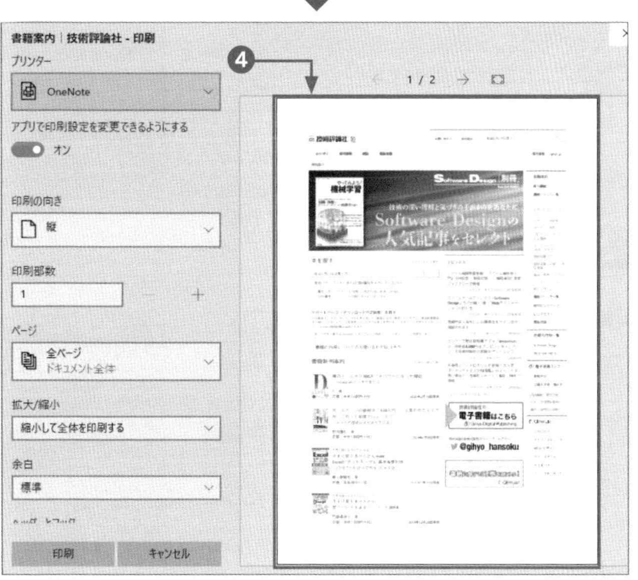

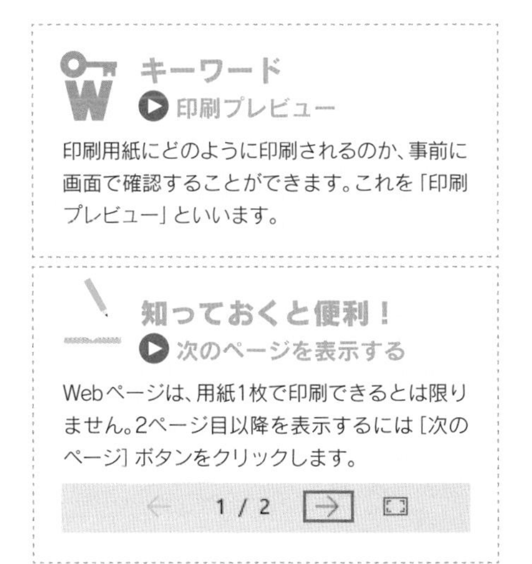

キーワード
印刷プレビュー

印刷用紙にどのように印刷されるのか、事前に画面で確認することができます。これを「印刷プレビュー」といいます。

知っておくと便利！
次のページを表示する

Webページは、用紙1枚で印刷できるとは限りません。2ページ目以降を表示するには [次のページ] ボタンをクリックします。

1 / 2

やってみよう―Webページを印刷する

印刷の設定をして、Webページを印刷しましょう。

1 プリンターを選択します。

❶ [プリンター] ボックスの⌄をクリックする
❷ プリンターの種類の一覧が表示される
❸ 印刷に使用するプリンターを選択する

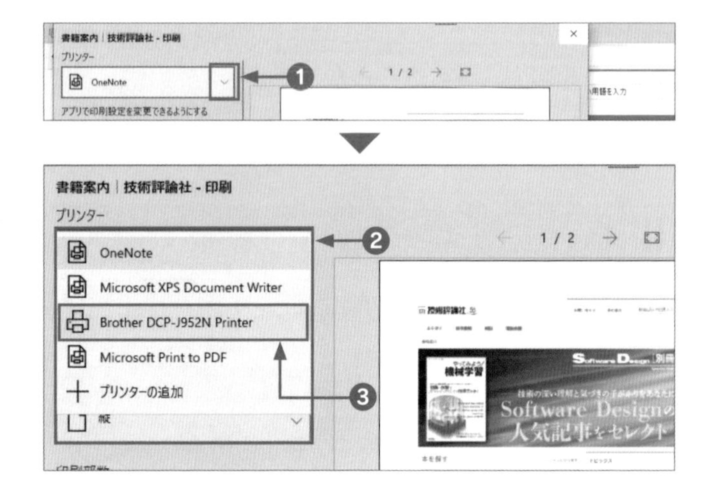

2 用紙に関する設定をします。

❶ 印刷の向きや部数、印刷する範囲などを確認する

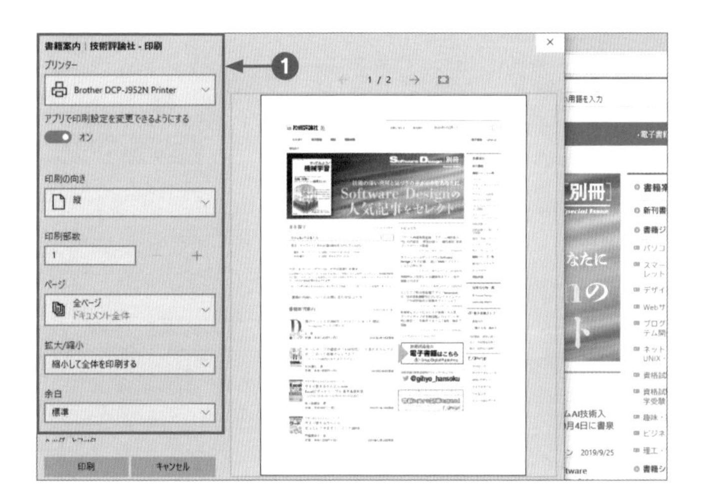

3 印刷を実行します。

❶ [印刷] ボタンをクリックする
❷ 印刷が実行される

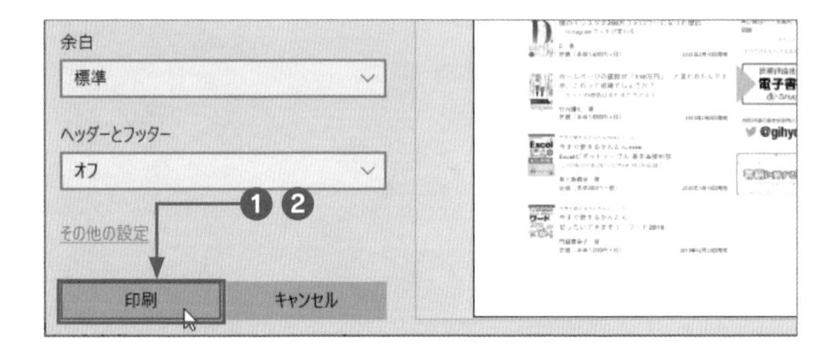

4-8

学習時間の目安 15 min　学習日・理解度チェック

月　日　☐
月　日　☐
月　日　☐

インターネット上のファイルを「ダウンロード」しよう

インターネット上にあるファイルをパソコンに保存することを「ダウンロード」といいます。本書の教材ファイルをダウンロードして、パソコンに保存しましょう。

ファイルのダウンロード

ファイルをダウンロードするには、Webページ内のダウンロード用リンクをクリックします。

やってみよう―インターネット上からダウンロードする

本書の教材ファイルをダウンロードして展開し、[ドキュメント] フォルダーに保存しましょう。

1 URLを入力します。

❶アドレスバーをクリックする
❷URL「gihyo.jp/book/2020/978-4-297-11041-3/support」を入力する
❸ Enter キーを押す

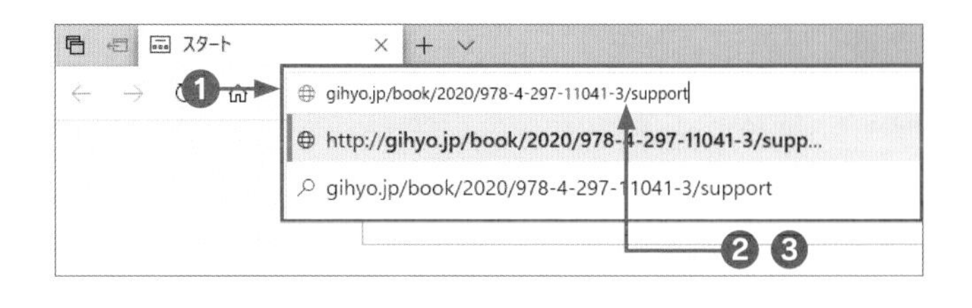

2 ページをスクロールします。

❶「サポートページ」が表示される
❷スクロールバーを下方向にドラッグする
❸「ダウンロード」の「PC_Text.zip」をクリックする

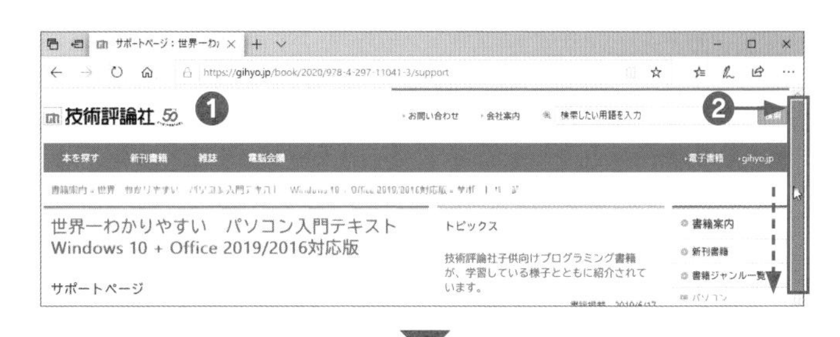

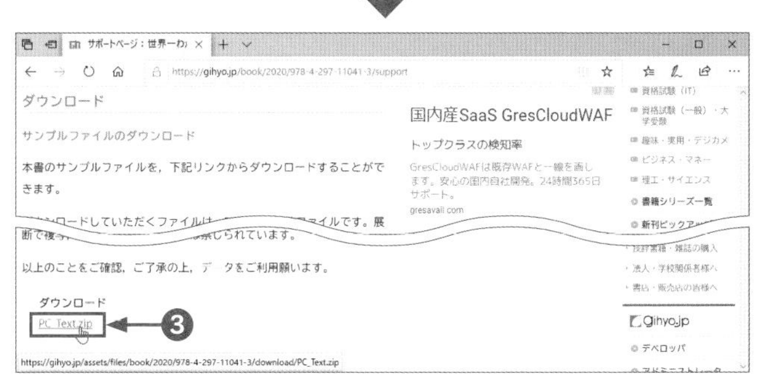

3 ダウンロードしたファイルを保存します。

❶ [保存] ボタンをクリックする
❷ ダウンロードが開始される
❸ ダウンロードが終了するとメッセージが表示される
❹ [フォルダーを開く] ボタンをクリックする

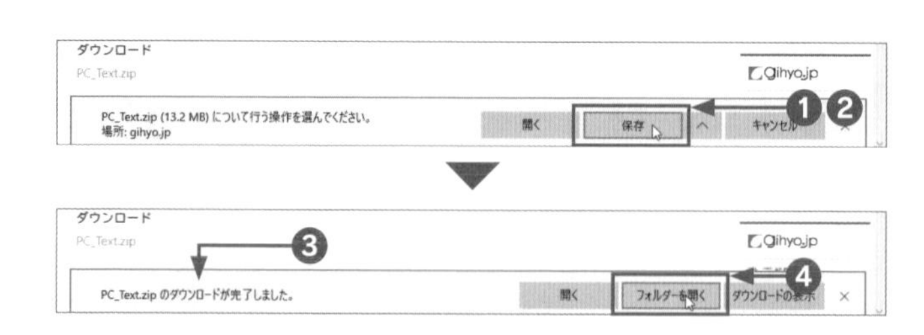

4 圧縮ファイルを展開します。

❶ [ダウンロード] フォルダーが表示される
❷ 「PC_Text」を右クリックする
❸ 表示されたメニューの [すべて展開] をクリックする
❹ 「圧縮（ZIP形式）フォルダーの展開」が表示される
❺ [参照] ボタンをクリックする

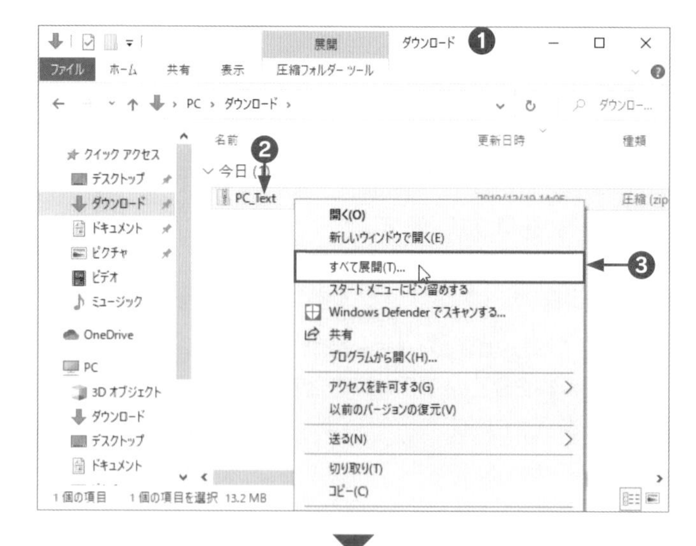

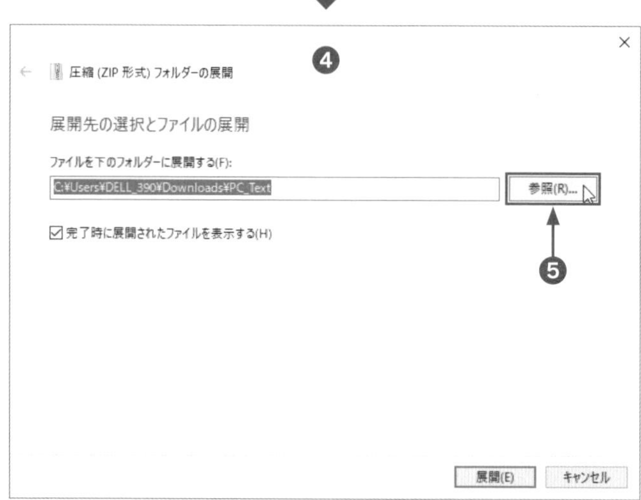

ここがポイント！
▶ 疑わしいファイルをダウンロードしない

インターネット上には、さまざまな有益なファイルが公開されていますが、なかには役に立たないどころか、有害なファイルも存在します。有料のファイル、違法なファイル、コンピュータウイルスを含むファイルなどなど。
提供元が不明であったり、安全性に確証が持てなかったりする場合は、ダウンロードをひかえましょう。

キーワード
▶ コンピュータウイルス

他のプログラムやデータに、何らかの被害をおよぼすように作られた有害なプログラムです。自分のコピーを作って増えていき、インターネット等を通じて感染を拡大していく様子が病気の原因になる「ウイルス」と似ているので、このように呼ばれます。

5 教材フォルダーを保存します。

❶「展開先を選んでください。」が表示される

❷［ドキュメント］をクリックする

❸［フォルダーの選択］ボタンをクリックする

❹「圧縮（ZIP形式）フォルダーの展開」に戻る

❺［展開］ボタンをクリックする

❻［ドキュメント］フォルダーが表示される

❼「PCテキスト」フォルダーが保存される

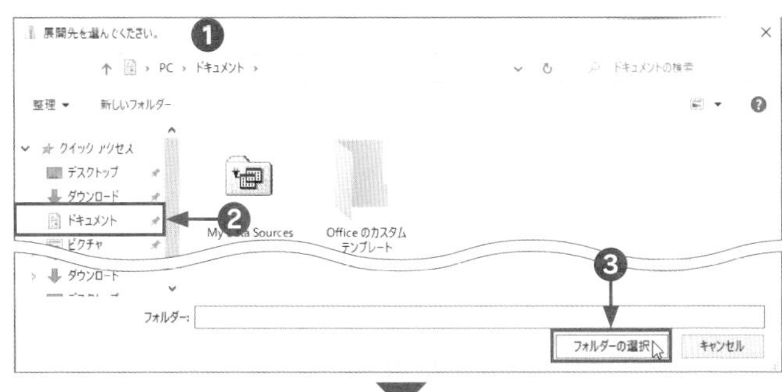

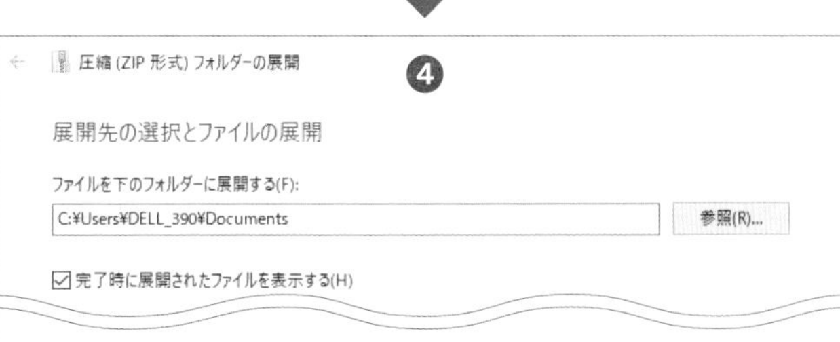

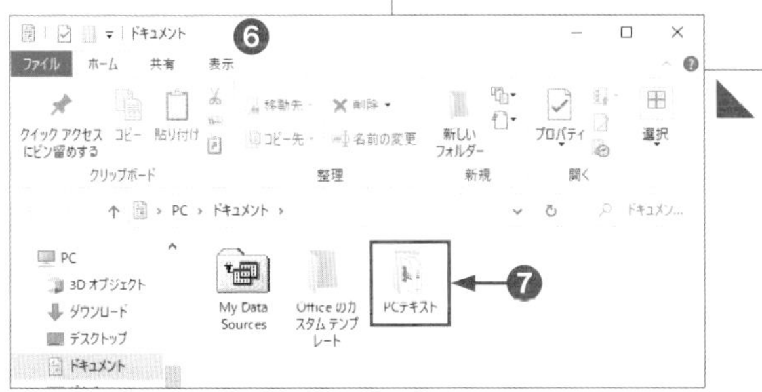

教材ファイルについて

Chapter 5以降、学習パートや練習問題で教材ファイルを利用することがあります。
教材フォルダーは以下のような構成になっています。

❶ 学習ファイル・フォルダー：学習パートで使用する「学習ファイル」です。

❷「練習問題」フォルダー：練習問題で使用する「練習問題ファイル」は、このフォルダー内に収録されています。

❸「完成例」フォルダー：学習パートや練習問題の完成例を確認できる、「完成例ファイル」が収録されています。

❹「保存用」フォルダー：学習ファイルや練習問題ファイルを操作をする際に、保存先として利用するフォルダーです。

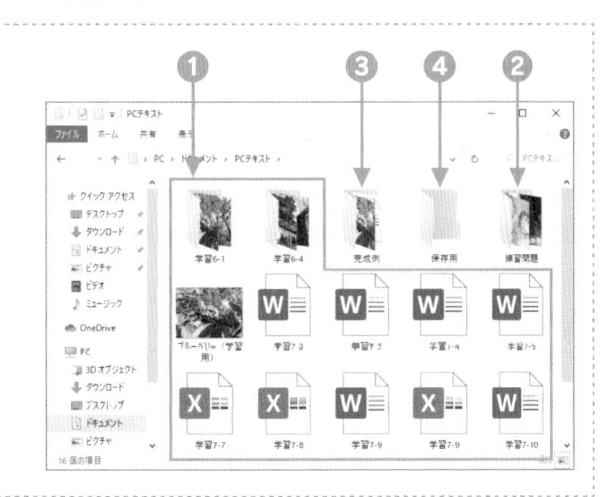

教材ファイルを開いたときに、初回は［保護ビュー］が表示されます。
［編集を有効にする］ボタンをクリックしてから操作を続けてください。

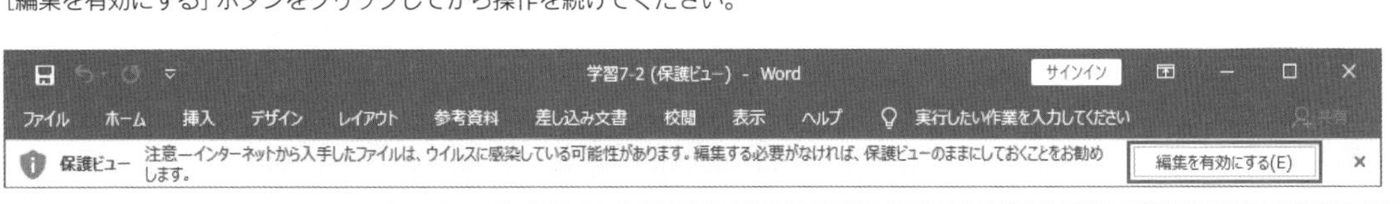

4-9 学習時間の目安 10 min 学習日・理解度チェック

インターネットを安全に使おう

月 日 □
月 日 □
月 日 □

Windows 10およびMicrosoft Edgeには、コンピュータウイルスなどからパソコンを守るために、さまざまな機能が用意されています。

Microsoft Edgeのセキュリティ機能

Microsoft Edgeのセキュリティ機能には「ポップアップをブロックする」、「Windows Defender SmartScreen」などがあります。

やってみよう—セキュリティ機能を確認する

Microsoft Edgeのセキュリティ機能がオンになっていることを確認しましょう。

1 設定の画面を表示します。

❶ [設定など] をクリックする
❷ [設定] をクリックする

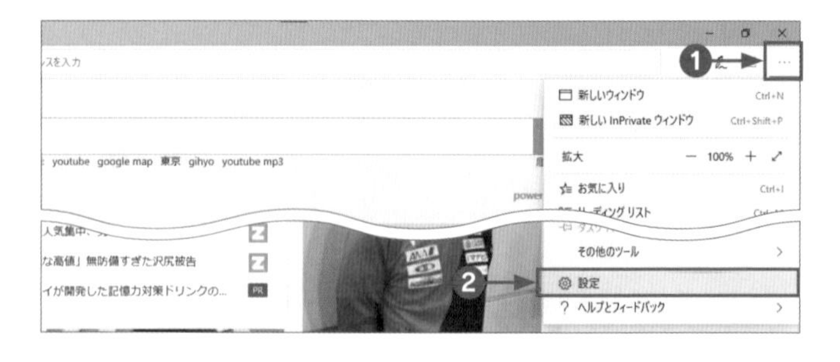

2 [セキュリティ] を表示します。

❶ [プライバシーとセキュリティ] をクリックする
❷ 下方向にスクロールする
❸ [ポップアップをブロックする] がオンになっていることを確認する
❹ [Windows Defender Smart Screen] がオンになっていることを確認する
❺ [設定など] をクリックして設定画面を閉じる

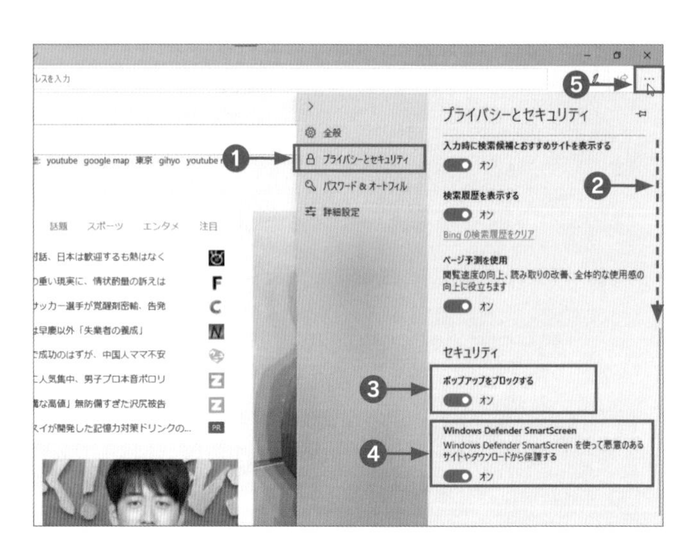

知っておくと便利！

Windows Defender SmartScreen

Windows Defender SmartScreenは、悪意のあるサイトやウイルスを含むダウンロードからパソコンを保護しているアプリです。
疑わしいページを表示した場合、警告のメッセージを表示します。

キーワード

ポップアップ

Webページを閲覧しているときに、小さいウィンドウが開くことがあります。広告の表示などによく使われますが、インターネット詐欺の手口に悪用されます。このポップアップウィンドウが自動的に表示されるのを防ぐことを、ポップアップを「ブロックする」といいます。

知っておくと便利！

Windowsアップデート

ソフトウェアなどを新しいものに書き換えることを、「アップデート」や、単に「更新」といいます。Windowsアップデートは、Windowsのシステムやセキュリティを常に最新のものにしておく機能です。
一般的に、パソコンには最初から、Windowsアップデートが自動で行われるように設定されています。インターネットに接続している間に、Microsoft社のサイトから更新用のプログラムがダウンロードされ、パソコンの起動時・終了時などに更新作業が自動で行われます。更新にはパソコンの再起動が必要なことがあります。

Windowsアップデートの状態の確認方法

Windowsアップデートの画面を表示してアップデートの状態を確認することができます。まず、[スタート] ボタンをクリックして、[設定] をクリックし、[設定] 画面を表示します。

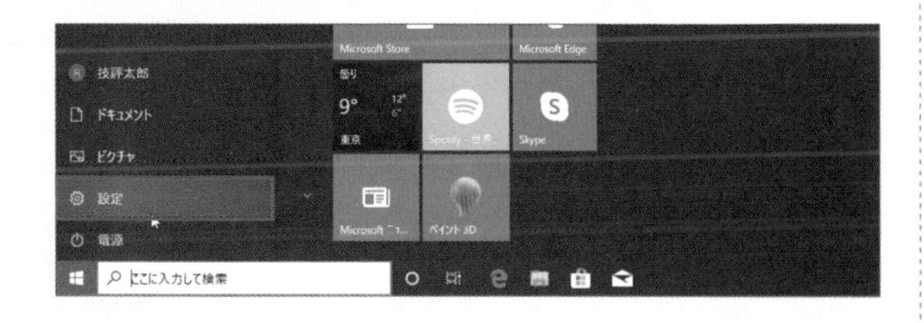

[設定] 画面の下部にある [更新とセキュリティ] をクリックすると、[Windows Update] の画面が表示されます。[更新とセキュリティ] が表示されていない場合は、[設定] 画面を下方向にスクロールします。

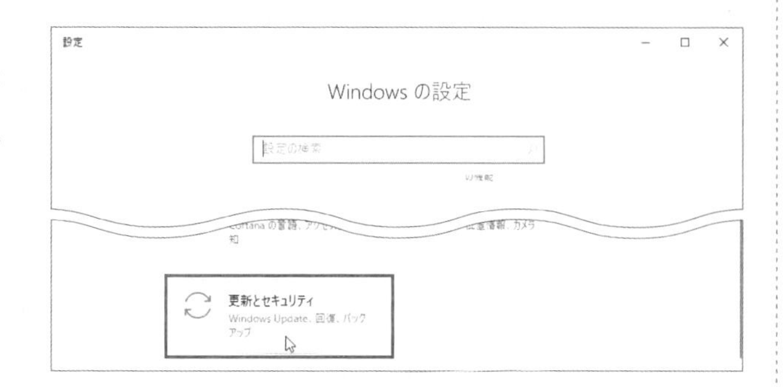

Windowsアップデートがきちんと適用されていると、「最新の状態です」と表示されています。

「更新プログラムのチェック」をクリックすると、「更新プログラムを確認しています」と表示され、必要な更新プログラムがある場合は、自動的に [利用可能な更新プログラム] がタウンロードされます。
[Windows Update] の画面は、[閉じる] ボタンをクリックして閉じることができます。

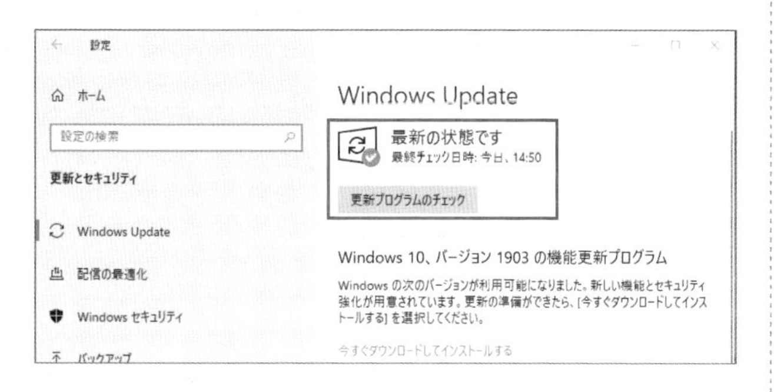

学習日・理解度チェック

月	日	□
月	日	□
月	日	□

練習問題

練習4-1

Microsoft Edgeを起動して「札幌」というキーワードで検索し、「札幌市公式ホームページ」のWebページを表示します。
表示した「札幌市公式ホームページ」をお気に入りに登録しましょう。

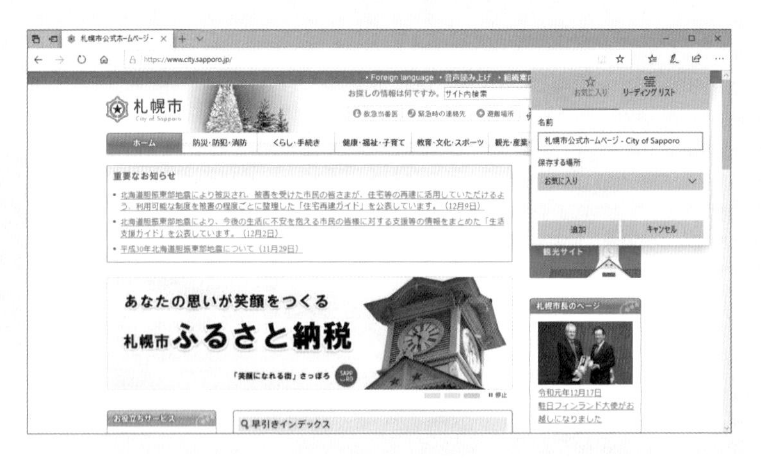

練習4-2

アドレスバーにURL「google.com/maps/」と入力して「Googleマップ」のWebページを表示します。
検索ボックスに「那覇空港」と入力して、「那覇空港」の地図を表示しましょう。
［ルート・乗換］を利用して、目的地に「国際通り」と入力し、出発地「那覇空港」から「国際通り」までのルートを表示しましょう。

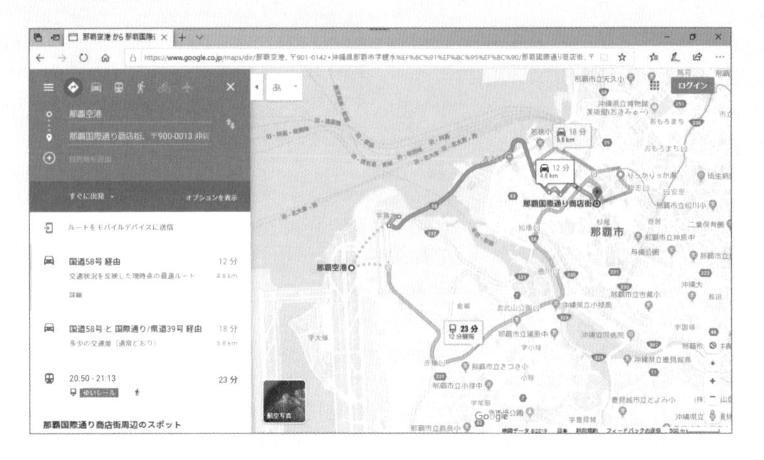

Chapter 5

メールの利用

メールを利用するために、メールアカウントを設定し、閲覧、送信、返信などの基本的な操作や、添付ファイルの送信・保存を学習します。

5-1

学習時間の目安 10 min　学習日・理解度チェック

月　日　□
月　日　□
月　日　□

メールとは

インターネット回線を利用してメッセージのやり取りをする方法に、「メール」があります。メールは、「電子メール」、「e-mail」（イーメール）とも呼ばれます。インターネット回線が使える環境であれば、24時間いつでも利用することができます。

メールの利用方法

メールのやり取りをするには、「メールアドレス」を取得して、メールアプリで操作します。メールアドレスは、電話における電話番号のようなもので、プロバイダーから提供されたものを利用するのが一般的です。一方で、最近では「フリーメール」と呼ばれる、無料でメールアドレスを取得できるサービスの利用者も増えています。フリーメールを提供する主なサービスとしてGoogle社の「Gmail」（ジーメール）、Microsoft社の「Outlook.com」（アウトルックドットコム）、ヤフー社が提供する「Yahoo! メール」（ヤフーメール）などがあります。
また、メールアプリには「Outlook」（アウトルック）などがありますが、一方でアプリを必要としない「Webメール」サービスも提供されています。Webメールを利用すると、ブラウザーでメールサービスのページにアクセスし、自分用のWebページを表示してメールのやりとりができます。
Webメールはほとんどのサービスが無料で提供されていて、パソコンのメールアプリとWebメールを併用する利用者も多くいます。前出の各フリーメールは、Webメールサービスも提供しています。

Outlookの画面構成

「Outlook」は、メールや予定表、仕事などを管理する多機能なアプリです。本書ではOutlookのメール機能のみを解説します。各部名称を確認しましょう。

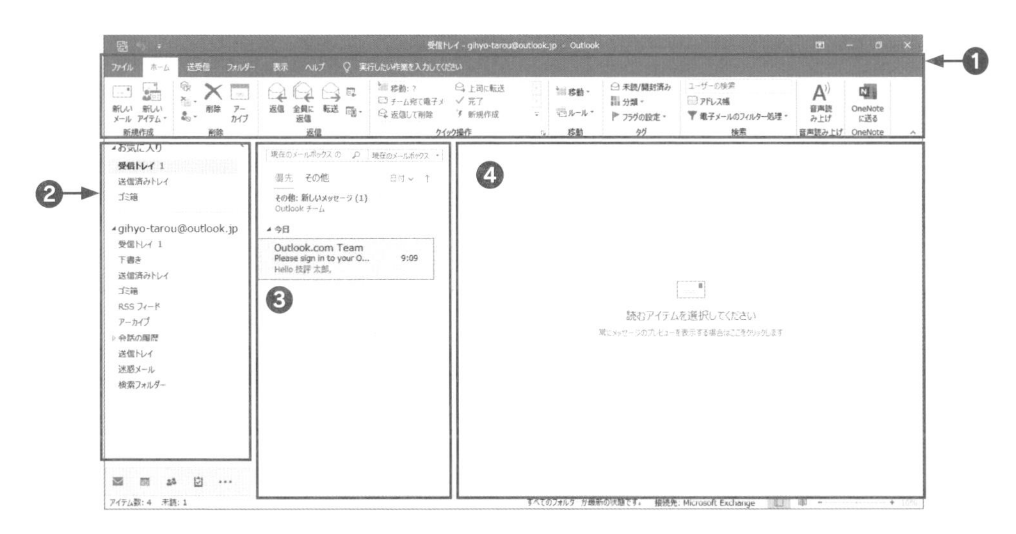

❶ タブ（リボン）…操作を実行するためのボタンが、リボンとしてまとめて配置されています。タブをクリックするとリボンが切り替わります。

❷ フォルダーウィンドウ…主なフォルダーや作業の選択肢が表示されるエリアです。

❸ ビュー…メールが一覧で表示されるエリアです。新しいメールほど上に表示されます。

❹ 閲覧ウィンドウ…選択したメールの内容が表示されるエリアです。

❺ 受信トレイ…クリックすると受信したメールがビューに表示されます。通常は受信トレイが選択された状態になっています。

❻ 下書き…クリックすると書きかけのメールがビューに表示されます。

❼ 送信済みトレイ…クリックすると送信したメールがビューに表示されます。

❽ ゴミ箱…クリックすると削除したメールがビューに表示されます。

❾ ナビゲーションバー…「予定表」や「連絡先」など、ほかの機能に切り替えるときに使用します。

5-2

学習時間の目安 20 min　学習日・理解度チェック

月　日 □
月　日 □
月　日 □

メールアカウントを設定しよう

メールアドレスを持っていない場合は、新たにメールアドレスを作成する必要があります。Outlookでメールを利用するために、メールアドレスを新規作成しましょう。なお、すでにOutlookでメールを利用されている方は、この項目を読み飛ばしていただいてかまいません。

Microsoftアカウントの設定

ここではMicrosoftが提供する「Outlook.com」のメールアドレスを取得します。Microsoftアカウントは、インターネットを通じて無料で登録・利用できます。登録すると、メールアドレスだけでなく、クラウドサービスの「OneDrive」(→6-4) など、さまざまなサービスを利用できるようになります。

やってみよう—Microsoftアカウントを作成する

Microsoft Edgeでアカウントの登録ページを開き、Microsoftアカウントを登録しましょう。

1 Microsoftアカウントの登録ページにアクセスして登録する準備をします。

❶Microsoft Edgeを起動する
❷signup.live.com/にアクセスする
❸「新しいメールアドレスを取得」をクリックする

ここがポイント！
▶メールアドレス

メールアドレスはxxx@xxxxx.xxのように(xの部分は半角英数字や記号)、「@」(アットマーク)が挟まれる形で構成されます。
今回作成する「アカウント」は@より前の部分です。また、@より後はサービスによって決められています。Microsoftアカウントでは、通常は「outlook.jp」となります。
なお、メールアドレスを1文字でも間違えると、メールが届かなかったり、別の相手に届いたりしてしまいます。十分に注意しましょう。

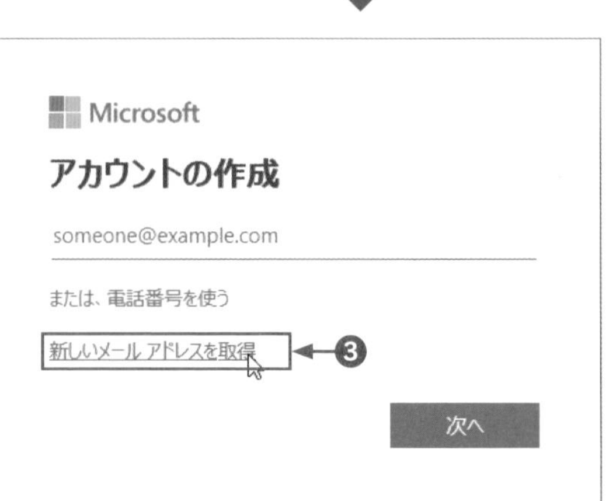

2 アカウントを新規作成します。

❶登録するアカウントを決めて半角英数字で入力する
❷[次へ] ボタンをクリックする
❸パスワードを決めて半角英数字で入力する
❹[次へ] ボタンをクリックする

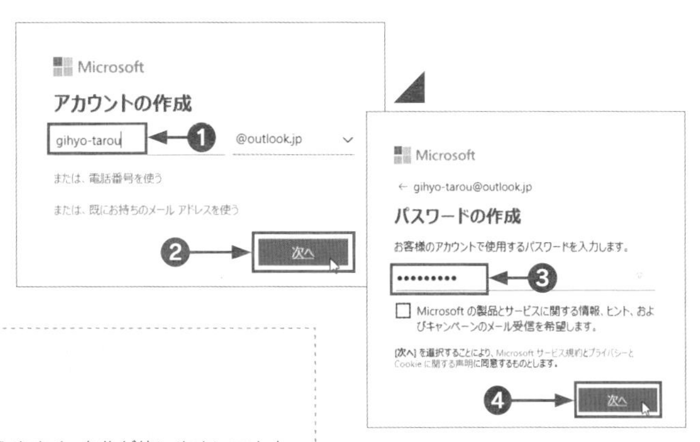

ここがポイント!
アカウントとパスワードの設定

アカウントは自分で自由に決めることができます。覚えやすく、自分が使いやすいアカウントを入力しましょう。ただし、すでに他人に使われているアカウントは利用できません。また、パスワードは他人に推測されにくいものを登録し、忘れないようにしましょう。

3 名前と生年月日を登録します。

❶「姓」を入力する
❷「名」を入力する
❸[次へ] ボタンをクリックする
❹「日本」が選択されていることを確認する
❺年・月・日のそれぞれの⌄ボタンをクリックし、生年月日を選択する
❻[次へ] ボタンをクリックする

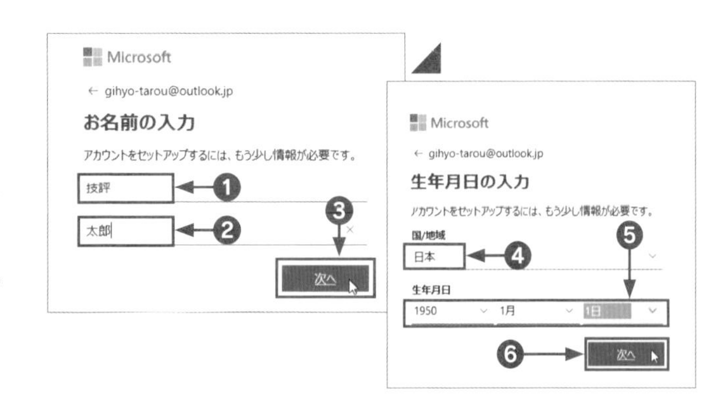

4 画像認証をして登録完了します。

❶見えているアルファベット(または数字)を左から入力する
❷[次へ] ボタンをクリックする
❸登録が完了し、アカウントのページが表示される

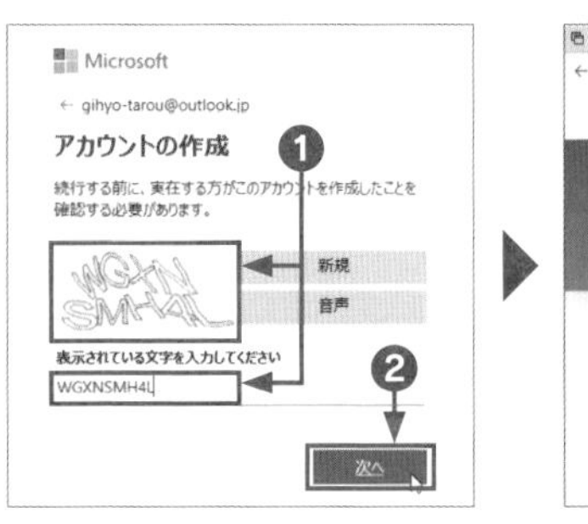

ここがポイント!
画像認証

インターネットの登録システムでは、不正アクセスでないことを確認するために、画像で表示されている文字の入力を促すことがあります。

やってみよう—OutlookにMicrosoftアカウントを設定する

Outlookを起動してMicrosoftアカウントを設定すると、作成したメールアドレスが利用できるようになります。新しく作成したメールアドレスとパスワードを用意して、Outlookに設定をしましょう。

1 Outlookを起動します。

❶[スタート]ボタンをクリックして、アプリの一覧を表示する
❷「O」の一覧のアプリを表示し[Outlook]をクリックする

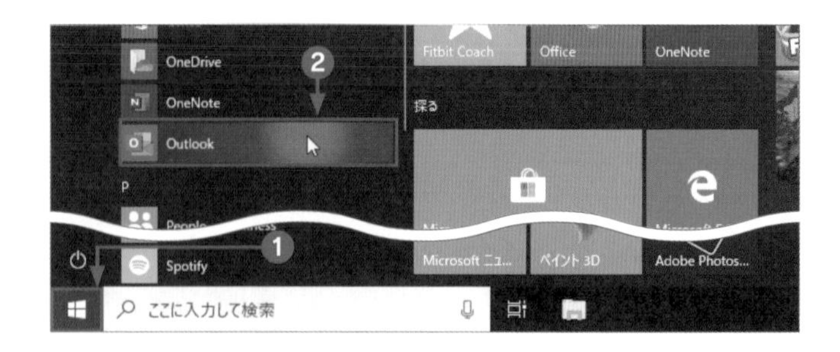

2 Outlookにメールアドレスを設定します。

❶「Outlook」の初期設定画面が表示される
❷メールアドレスを入力する
❸[接続]ボタンをクリックする
❹パスワードを入力する
❺[サインイン]ボタンをクリックする

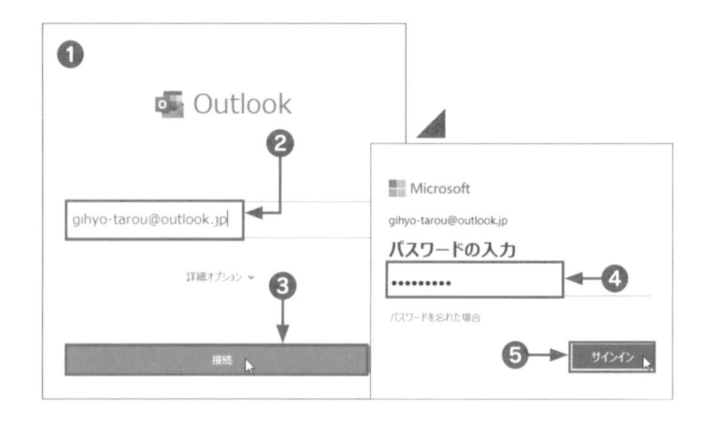

3 設定を完了します。

❶アカウントが正常に追加されたことを確認する
❷[完了]ボタンをクリックする
❸「Outlook」アプリのメール画面が表示される

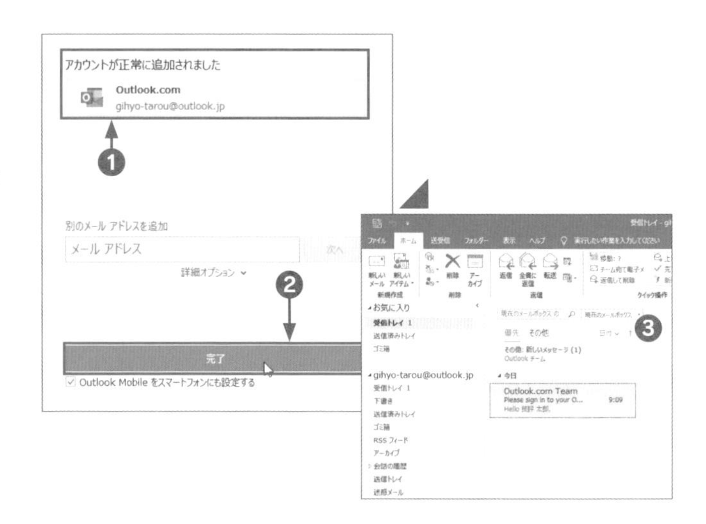

5-3

学習時間の目安 15 min　学習日・理解度チェック

月	日	☐
月	日	☐
月	日	☐

メールを送信・受信しよう

Outlookを使ってメールを送信してみましょう。

メールの作成・送信

新しく誰かにメールを送るには、メールを新規作成します。宛先に相手のメールアドレスを入力し、件名とメールの本文を入力して送信します。

やってみよう―メールを書いて送信する

宛先・件名・本文を入力したメールを作成し、練習のために自分宛てに送信してみましょう。

1 新規メールを作成します。

❶[ホーム]タブの[新規作成]グループの[新しいメール]ボタンをクリックする

❷「無題-メッセージ」の画面が表示される

❸[宛先]をクリックし、自分のメールアドレスを半角で入力する

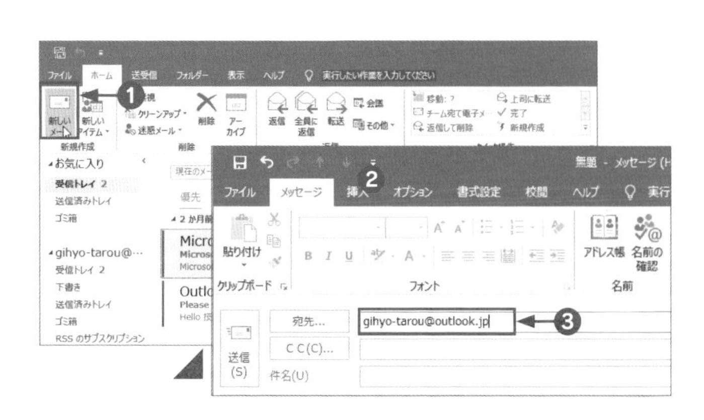

2 件名と本文を入力し、送信します。

❶[件名]をクリックし、件名を入力する

❷クリックし、本文を入力する

❸[送信]ボタンをクリックする

❹ウィンドウが閉じてメールが送信される

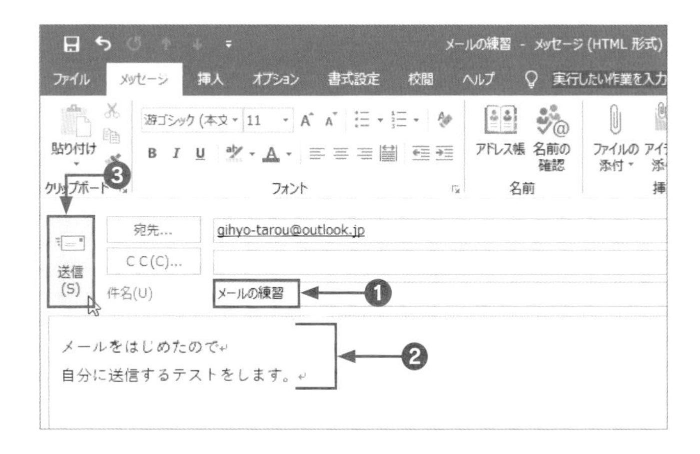

メールの受信と閲覧

受信したメールは［受信トレイ］に表示されます。新しく受信したメールほど上になるように表示されます。

やってみよう―［受信トレイ］を確認する

前ページで送信したメールを受信し、受信トレイから読んでみましょう。

1 ［受信トレイ］を確認します。

❶［受信トレイ］をクリックする
❷［受信トレイ］に届いたメールの一覧（ビュー）が表示される
❸ビューから読みたいメールをクリックする
❹閲覧ウィンドウにメールの詳細が表示される

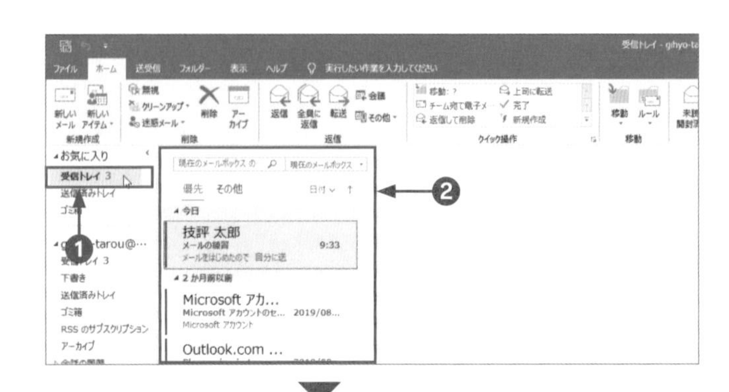

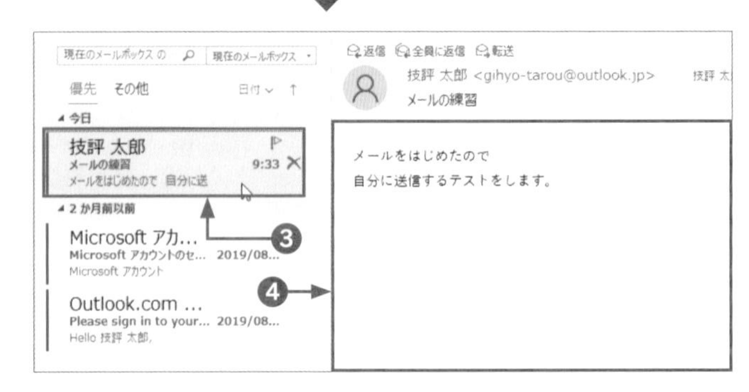

ここがポイント！

▶受信トレイの「優先」と「その他」

受信トレイでは、Outlookが重要とみなしたメールは「優先」、それ以外のメールは「その他」に振り分けられます。どちらも確認するようにしましょう。［表示］タブの［優先受信トレイ］グループの［優先受信トレイを表示］ボタンをクリックすると、優先トレイ機能のオン・オフを切り替えることができます。

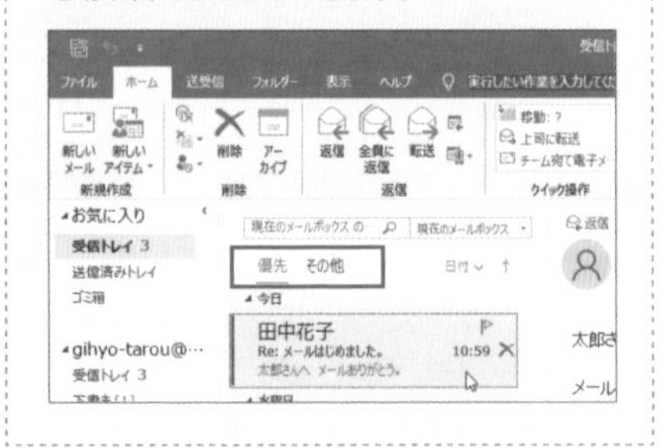

ここがポイント！

▶［未読メール］と［既読メール］

まだ読んでいないメール（未読メール）の件名は青、すでに読んだメール（既読メール）の件名は黒で表示されます。まだ読んでいないメールは、ビューのメールをクリックして閲覧ウィンドウに表示するか、ダブルクリックしてメッセージウィンドウを開くと「既読」となります。

知っておくと便利！

▶すぐにメールを送信・受信したいとき

メールの送信を急ぎたいときや、送られてきているはずのメールを確認したい場合があります。［送受信］タブの［送受信］グループの［すべてのフォルダーを送受信］ボタンをクリックすると、メールの送信と受信が直ちに実行されます。

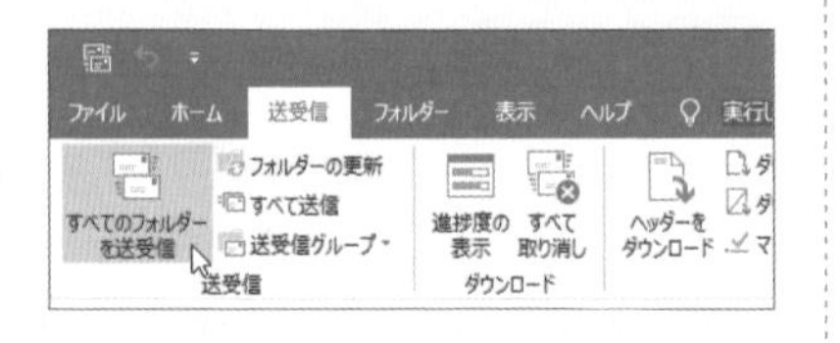

5-4

学習時間の目安  min　学習日・理解度チェック

月　日　□
月　日　□
月　日　□

メールを返信しよう

受信したメールへ返事を出すには、メールを新規作成するのではなく、受信したメールに「返信」します。メールアドレスの入力の手間なども省くことができます。

メールの返信

メールに返信するには、[ホーム] タブの [返信] グループの [返信] ボタンをクリックします。

やってみよう―受信メールに返信する

前ページで受信したメールを選択して返事を書きましょう。

1 [受信トレイ] フォルダーのメールを返信状態にします。

❶ 返信したいメールをクリックする
❷ [ホーム] タブの [返信] グループの [返信] ボタンをクリックする
❸ 返信メールを入力できる状態になる

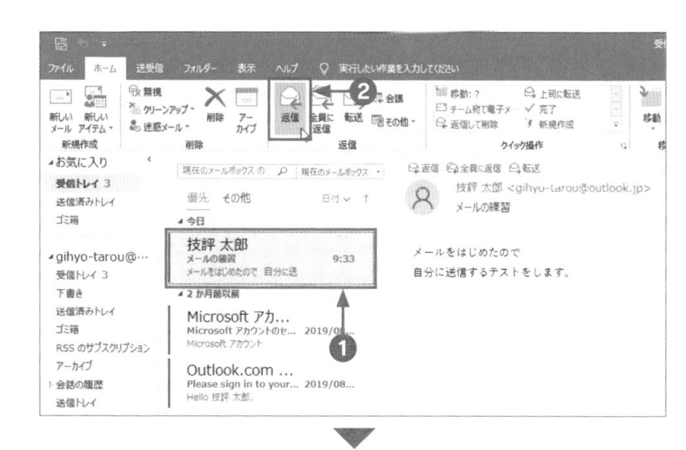

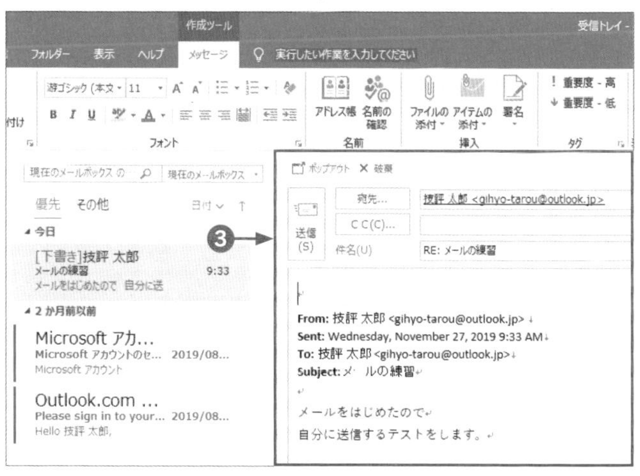

知っておくと便利！
▶ 返信時の件名

返信時には件名が自動的に「Re：○○○○○○○」(○は送信したときの件名) となります。受信したときに、件名が「Re:」で始まっていると、メールを受信した相手は「返事が来た」ということがわかりやすくなります。そのため、件名はそのままにし、本文に返事を書いて送信することが一般的なマナーとなっています。

知っておくと便利！
▶ 書きかけのメールの下書き保存

書きかけのメールを [×] ボタンで閉じようとすると、「このメッセージの下書きが保存されています。この下書きを保存しておきますか？」というメッセージが表示されます。[はい] ボタンをクリックするとメールが [下書き] フォルダーに保存されます。あとで続きを書きたいときには [下書き] フォルダーをクリックし、該当のメールをダブルクリックします。

2 返事を入力します。

❶ 件名はそのままにする
❷ 本文を入力する
❸ [送信] ボタンをクリックする
❹ メールが送信され、受信メールに表示が戻る

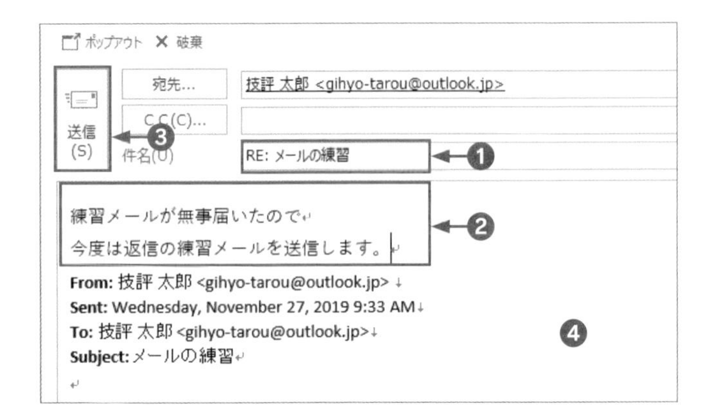

ここがポイント！
▶[返信] と [全員へ返信]

メールは同時に複数人に送ることが可能です。仕事のメールでは同じ用件を複数人に一度に送ることも頻繁にあります。すべてのメンバー宛てに返事を送りたいときは、[全員に返信] ボタンをクリックします。

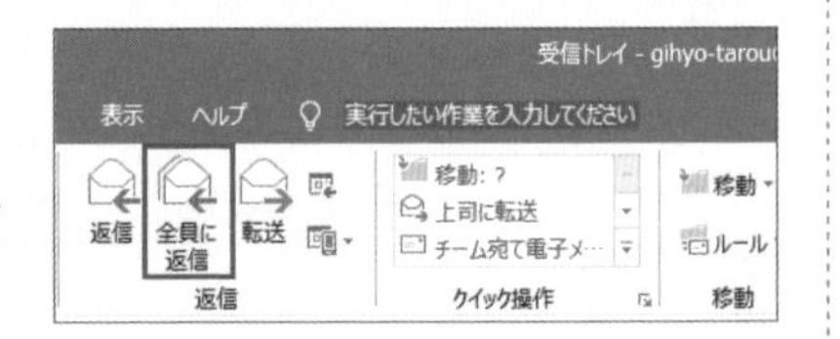

ここがポイント！
▶送信したメールを確認する

送信が完了したメールは [送信済みトレイ] にあります。メールが送信できたかどうかを確認したいときは、[送信済みトレイ] をクリックしましょう。[送信済みトレイ] でなく、[送信トレイ] にあるときは、何らかの理由で送信できなかったことが考えられます。

知っておくと便利！
▶ブラウザーでOutlook.comを使用する

Outlook.comは、アプリを使わなくてもブラウザーからメールを利用することができる、「Webメール」です。利用するには、Microsoft Edgeで「outlook.com/」とURLを入力してアクセスし、5-2で設定したアカウントとパスワードを入力してサインインします。すると、アプリのOutlookと似た画面を表示することができます。この画面でメールを操作することができます。

Outlook.comの見方

❶ [受信トレイ]、[送信済みトレイ]、[下書き] はアプリと同じ情報が表示されます
❷ アプリと同じように、[受信トレイ] をクリックするとビューに一覧が表示され、読みたいメールをクリックすると詳細がさらに右に表示されます。
❸ 返信はメールの詳細の [返信] ボタンから返信できます。全員に返信する場合は、[全員に返信] ボタンをクリックします。

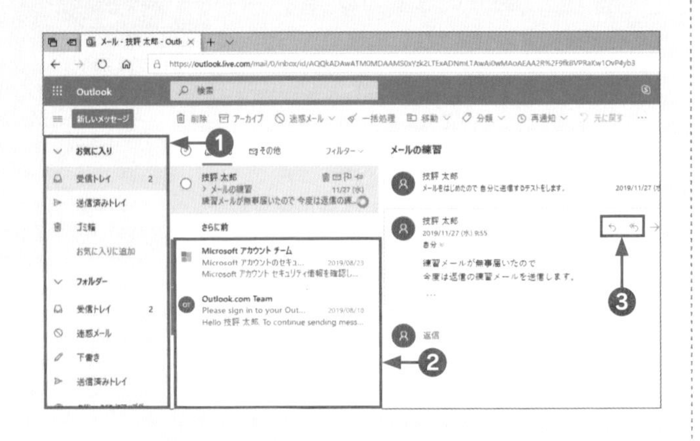

5-5

学習時間の目安 15 min

学習日・理解度チェック

月 日 □
月 日 □
月 日 □

メールで添付ファイルを送信・受信しよう

Outlookでメールにファイルを添付して送信しましょう。また、メールに添付されたファイルを受信メールで確認し、保存しましょう。

添付ファイルの送信・受信

メールには写真やWordファイル、音声のファイルなどを自由に添付して送ることができます。ファイルのコピーを送るので、送ったファイルが自分のパソコンから消えることはありません。また、受信した添付ファイルは保存して使用することも可能です。

やってみよう―添付ファイルを送信する

4-8で保存した教材ファイルの、画像「招き猫（学習用）」をメールに添付して自分に送信しましょう。

1 メールにファイルを添付する準備をします。

❶メールを新規作成する
❷［アドレス］［件名］［本文］を入力する
❸［メッセージ］タブの［挿入］グループの［ファイルの添付］ボタンをクリックする
❹［このPCを参照］をクリックする
❺［ファイルの挿入］が表示される
❻［ドキュメント］をクリックする
❼［PCテキスト］フォルダーをダブルクリックする
❽画像「招き猫（学習用）」をクリックする
❾［挿入］ボタンをクリックする

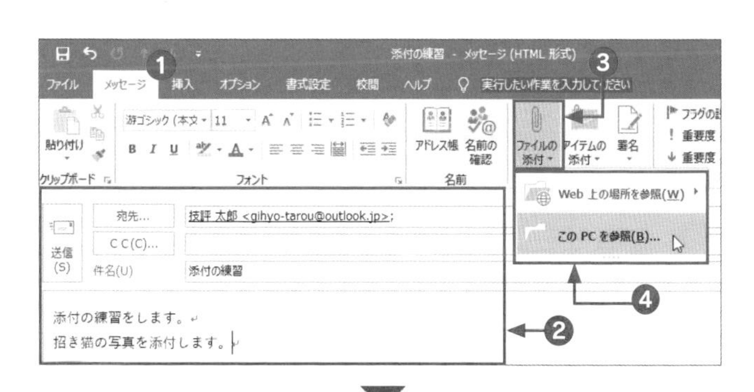

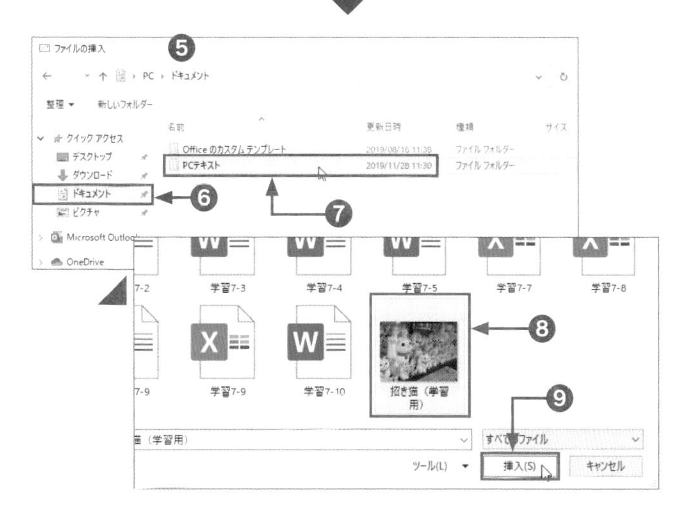

2 ファイルを添付したメールを送信します。

❶メールにファイルが添付される
❷［送信］ボタンをクリックする

> **知っておくと便利！**
> ▶ファイルを添付するときの注意点
>
> 相手によっては、受信できるファイルの容量に制限が設けられている場合もあります。添付ファイルの容量は3MB以内がマナーとされています。注意しましょう。

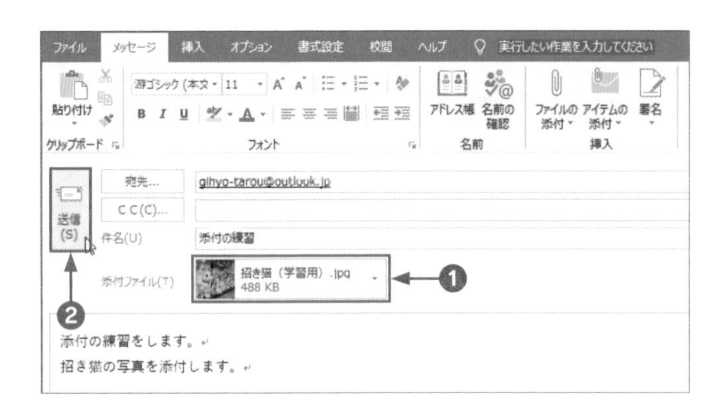

やってみよう―添付ファイルを保存する

メールに添付された写真を、［保存用］フォルダーに「学習5-5」という名前で保存しましょう。

1 添付ファイルのついているメールを開きます。

❶メール一覧から添付ファイルのついているメールを開く
❷添付ファイルがあることを確認する

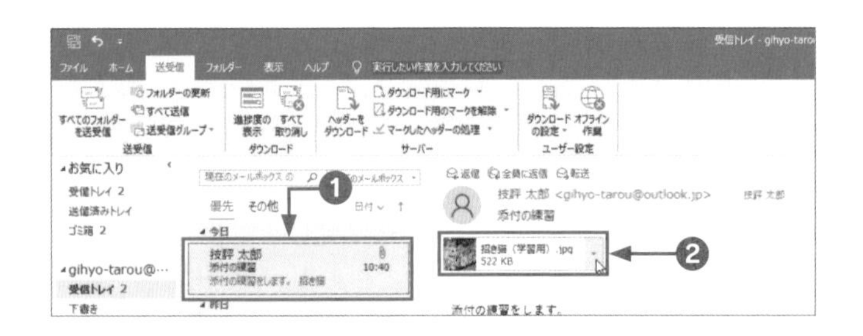

2 添付ファイルを保存します。

❶添付ファイルの ⌄ ボタンをクリックする
❷［名前を付けて保存］をクリックする
❸［ドキュメント］フォルダーをクリックする
❹「PCテキスト」、「保存用」の順にフォルダーをダブルクリックする
❺［ファイル名］ボックスをクリックし、「学習5-5」と入力する
❻［保存］ボタンをクリックする

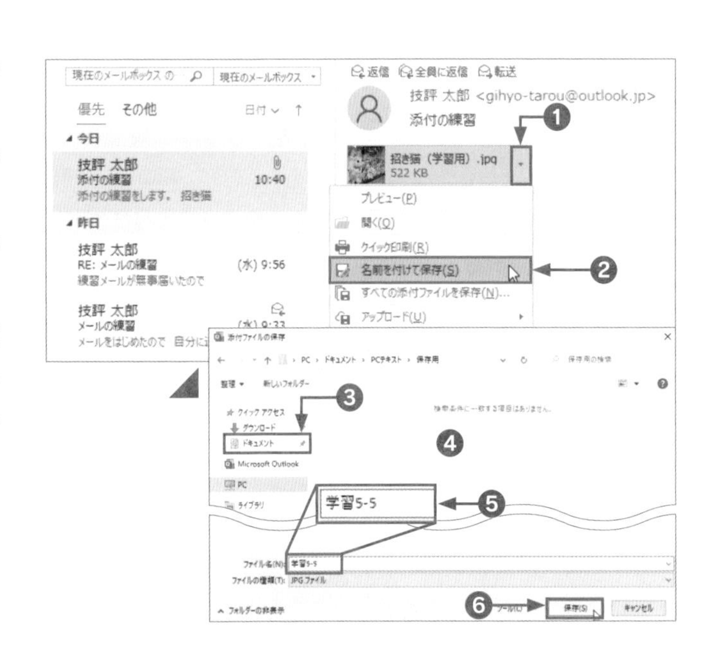

5-6

学習時間の目安  min　学習日・理解度チェック

月　日　□
月　日　□
月　日　□

メールを削除しよう

パソコンの利用を続けていくと、メールマガジンや広告メールなど、たくさんのメールが受信されていくようになります。不要なメールは削除して整理し、快適に利用しましょう。

メールの削除

メールを削除するには、[ホーム] タブの [削除] グループの [削除] ボタンをクリックします。

やってみよう―不要なメールを削除する

不要なメールを削除しましょう。また、削除したメールを [ゴミ箱] で確認しましょう。

1 不要なメールを選択して削除します。

❶ [受信トレイ] のメールの一覧から、不要なメールをクリックする

❷ [ホーム] タブの [削除] グループの [削除] ボタンをクリックする

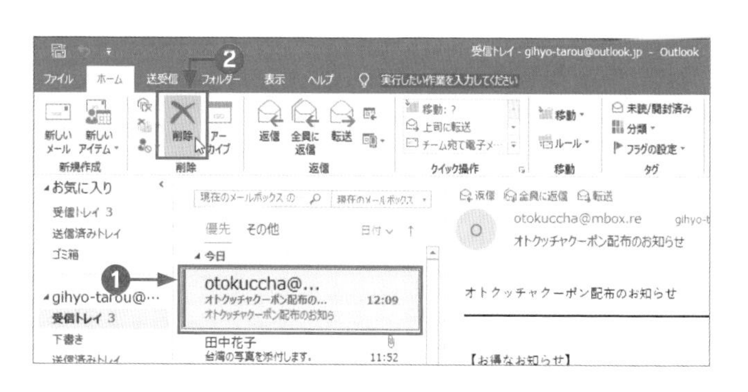

2 ゴミ箱に移動したことを確認します。

❶ [ゴミ箱] をクリックする

❷ 削除したメールが確認できる

広告メールやウイルスつきの危険なメールなど、勝手に送り付けられるメールは [迷惑メール] トレイに自動的に振り分けられます。ただし、知人と新しくメールのやりとりをはじめるときに、初回のメールは間違えて [迷惑メール] トレイに振り分けられることもあります。[迷惑メール] トレイも定期的に確認するようにしましょう。

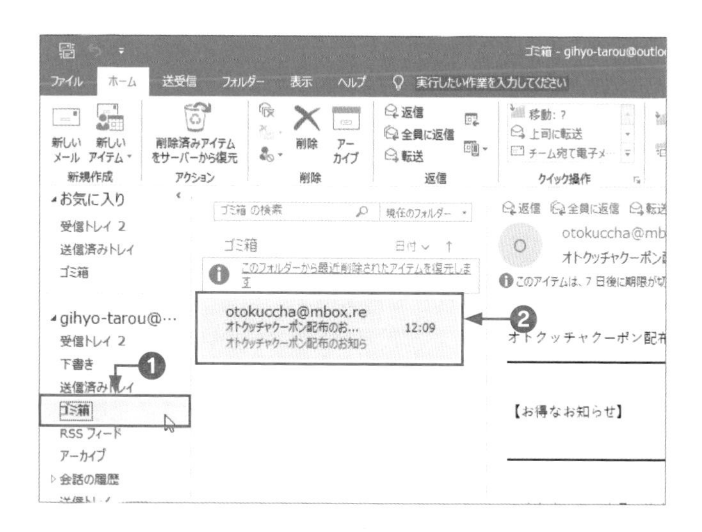

Chapter 5

学習日・理解度チェック

月	日	□
月	日	□
月	日	□

練習問題

練習5-1

Outlookでメールを新規作成し、次のメールを書きましょう。教材ファイルの画像「練習5-1-1」「練習5-1-2」を添付しましょう。操作後は「保存用」フォルダーに「練習5-1」という名前で保存し、メールを閉じましょう。

練習問題ファイル　練習5-1-1、練習5-1-2

台湾ツアーの写真の件 - メッセージ (HTML…

宛先… yamada_i@gihyo-tourist.co.jp
CC(C)…
件名(U) 台湾ツアーの写真の件
添付ファイル(T) 練習5-1-1.jpg 645 KB　練習5-1-2.jpg 304 KB

株式会社　ギヒョウツーリスト
広報部　課長
山田 一郎様

お世話になっております。技評太郎です。
企画進行中の台湾ツアーの写真ですが
知人から提供いただきました2枚を添付いたします。
ご検討のほどよろしくお願いいたします。

技評太郎
gihyo-tarou@outlook.jp
電話：090-1234-5678

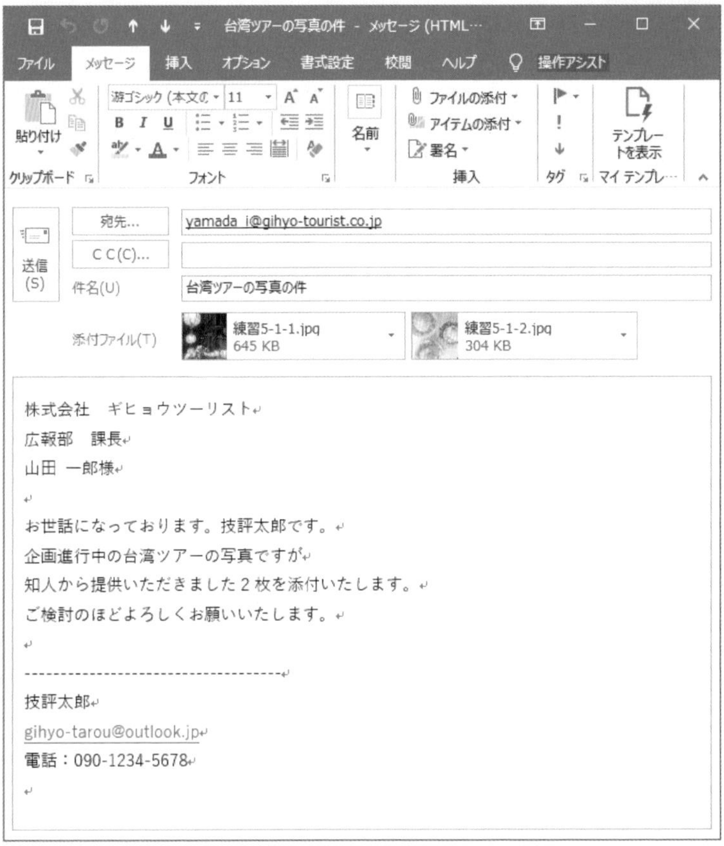

知っておくと便利！

メールの保存

メールを保存するには、[ファイル] タブをクリックし、[名前を付けて保存] をクリックします。[ファイル名を付けて保存] ダイアログボックスが表示されるので、保存したいフォルダーを選び [保存] ボタンをクリックします。

Chapter 6

写真の管理

写真を取り込む方法やフォトを使った写真の加工方法を学びます。
また、オンラインストレージ「OneDrive」に写真を保存する方法を学習します。

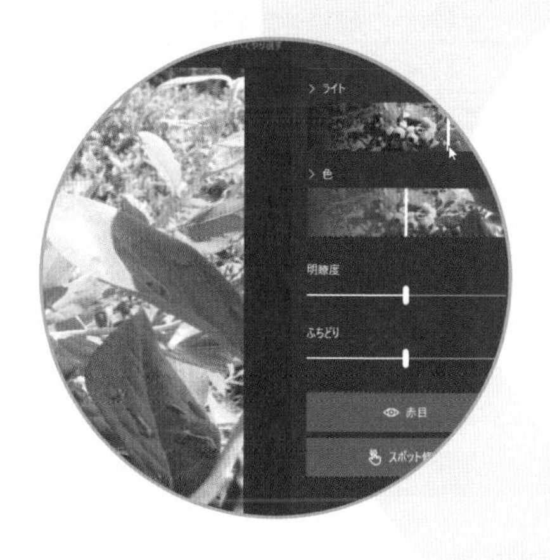

6-1 学習時間の目安 20 min 学習日・理解度チェック

月 日 □
月 日 □
月 日 □

「フォト」に写真を取り込もう

パソコンでは写真を管理することができます。「フォト」というアプリを利用します。ここでは、教材ファイルの写真データをフォトで管理する方法を学びます。

写真を取り込むさまざまな方法

撮影した写真のデータは、デジタルカメラに取り付けたSDカードなどの「記憶媒体」に保存されています。また、USBメモリ、DVD-ROMなどに保存された写真を友人から受け取ることもあるかもしれません。状況によって、写真をパソコンに取り込む方法はさまざまになります。

- **SDカード（エスディカード）を接続**…SDカードはデジタルカメラの中に取り付けて使用する記憶媒体です。主にスマートフォンなどに使用されるmicroSDカードという小さなSDカードもあります。パソコン、デジタルカメラ、スマートフォン、ゲーム機などさまざまな用途に利用されます。一方で、さまざまな規格があるため、未対応の機種ではSDカードを認識できず使用できない、ということもあります。購入前に必ず確認するようにしましょう。
SDカードの差し込み口がついているパソコンもありますが、ない場合は、カードリーダーと呼ばれる機器をパソコンに接続して利用します。

- **デジタルカメラを直接接続**…デジタルカメラにSDカードが取り付けられた状態で、デジタルカメラとパソコンを付属のケーブルで直接接続する方法です。デジタルカメラの機種によっては、専用のアプリが用意されています。

- **USBメモリ、DVD-ROM、CD-ROMの読み込み**…USBメモリやDVD-ROM、CD-ROMに保存されている写真の場合は、それらをパソコンにセットして読み込みます。
DVD-ROMまたはCD-ROMの場合は、パソコンのDVDドライブにセットします。薄型ノートパソコンなどではDVDドライブがない機種もありますが、その場合は外付けDVDドライブを利用することができます。

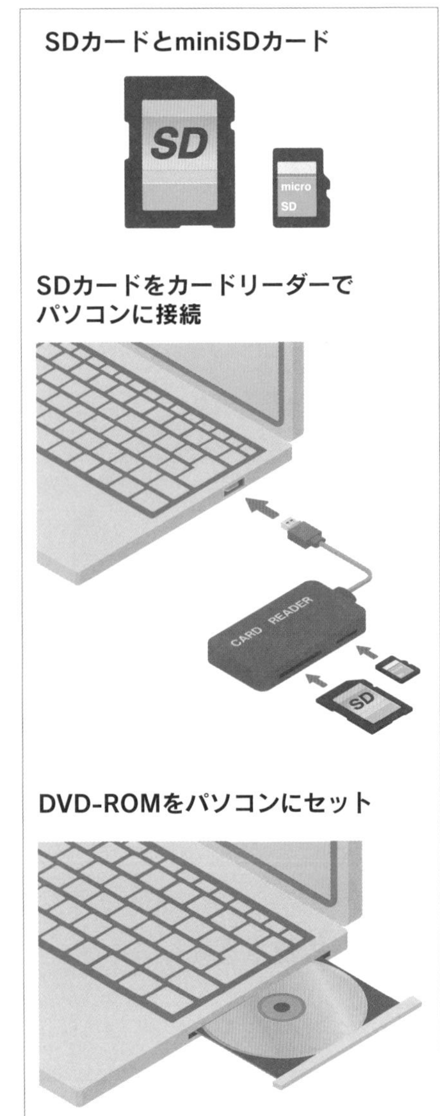

写真の取り込み

ここではSDカードなどの記憶媒体からではなく、教材ファイルのデータをフォトに取り込みます。写真を取り込むには、フォトを起動し、[インポート] ボタンをクリックします。

やってみよう—フォトに写真を取り込む

学習ファイル 学習6-1

学習ファイルの「学習6-1」フォルダーの写真をフォトに取り込みましょう。

1 フォトを起動します。

❶ [スタート] ボタンをクリックする
❷ スタートメニューのアプリの一覧から、「は」の一覧から「フォト」をクリックする
❸ フォトが起動する

2 写真を取り込む方法を選択します。

❶ [インポート] ボタンをクリックする
❷ [フォルダーから] をクリックする
❸ 「PCテキスト」をダブルクリックする
❹ 「学習6-1」をクリックする
❺ [ピクチャにこのフォルダーを追加] ボタンをクリックする

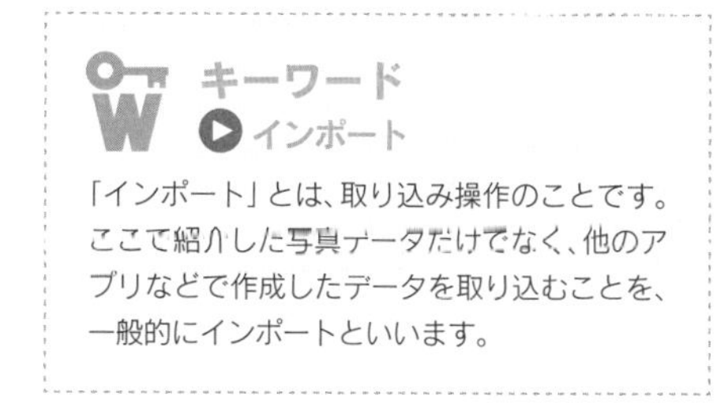

キーワード
インポート

「インポート」とは、取り込み操作のことです。ここで紹介した写真データだけでなく、他のアプリなどで作成したデータを取り込むことを、一般的にインポートといいます。

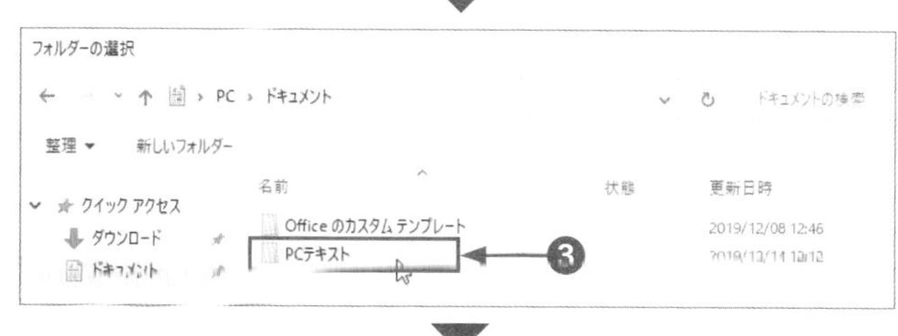

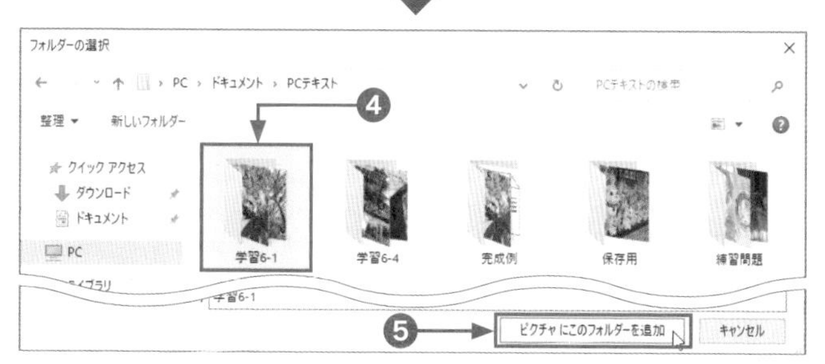

3 写真が取り込まれます。

❶ フォトに取り込んだ写真が表示される

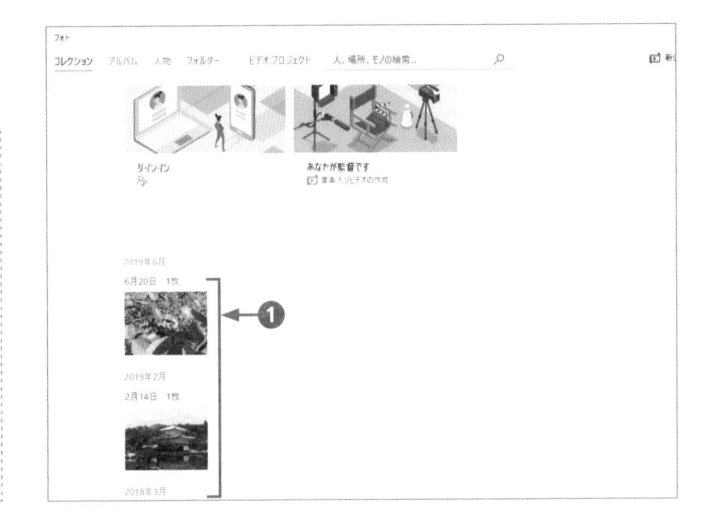

知っておくと便利！
写真の表示サイズの変更

画面の右上に写真の表示サイズを変更するための三種類のアイコンがあります。写真を大きいサイズにして見たいときは左のアイコンを、多数の写真を表示して一覧性を高めたいときは右のアイコンをクリックします。

ステップアップ！
デジタルカメラやSDカードを接続して写真を取り込む

デジタルカメラやSDカードに保存されている写真を直接フォトに取り込む手順を紹介します。

SDカードは、パソコンに差し込み口がついていればそのまま接続します。接続口がないパソコンでは、カードリーダーをパソコンにUSBで接続します。
デジタルカメラの場合は付属のケーブルでパソコンにUSBで接続し、電源をオンにします。

このとき、デスクトップの通知領域に、接続されたことを示すメッセージが表示されます。
フォトを起動し、[インポート] ボタンをクリックし、表示されたメニューの [USBデバイスから] をクリックします。

USBメモリなどほかの機器も接続していると、接続機器を選択する画面が表示されるので、「SDカード」やデジタルカメラを選択します。
取り込める写真の一覧が表示されたら、[選択した項目のインポート] ボタンをクリックします。なおこのとき、取り込みたくない写真をクリックしてチェックをオフにしておくと、取り込みから除外されます。

フォトから写真を取り込むと、[ピクチャ] フォルダーの中に「2019-01」のような年月の名前でフォルダーが作られます。写真はその中にまとめて保存されます。

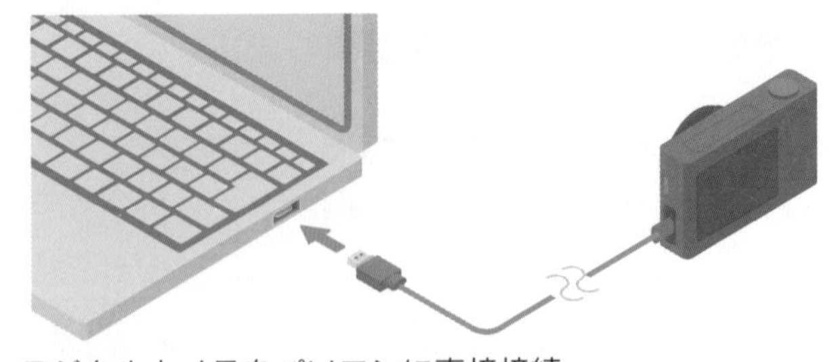

デジタルカメラをパソコンに直接接続

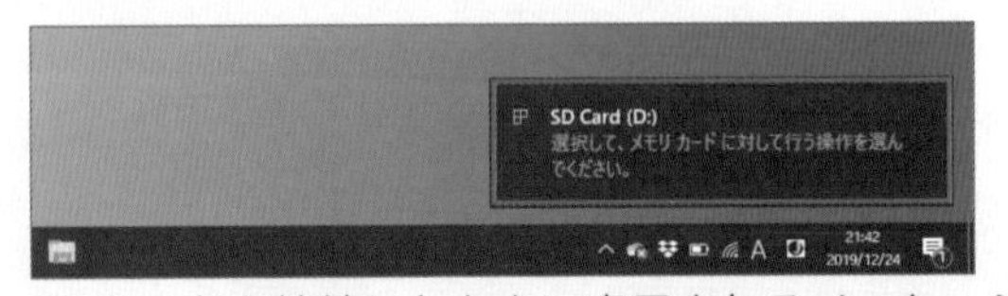

SDカードを接続したときに表示されるメッセージ

やってみよう―取り込んだ写真を鑑賞する

取り込んだ写真を大きく表示して、1枚ずつ表示を切り替えてみましょう。

1 写真を選択します。

❶見たい写真をクリックする

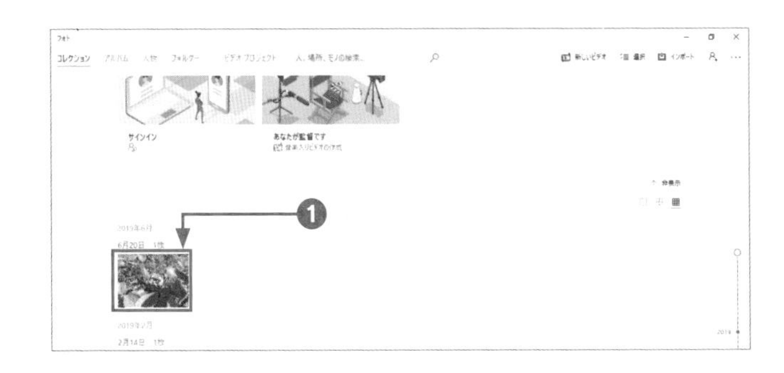

2 別の写真を表示します。

❶写真が拡大表示される

❷画面の右端をポイントすると［次へ］ボタンが表示される

❸［次へ］ボタンをクリックする

3 拡大モードを終了します。

❶次の写真が表示される

❷［←］ボタンをクリックする

❸写真の一覧画面へ戻る

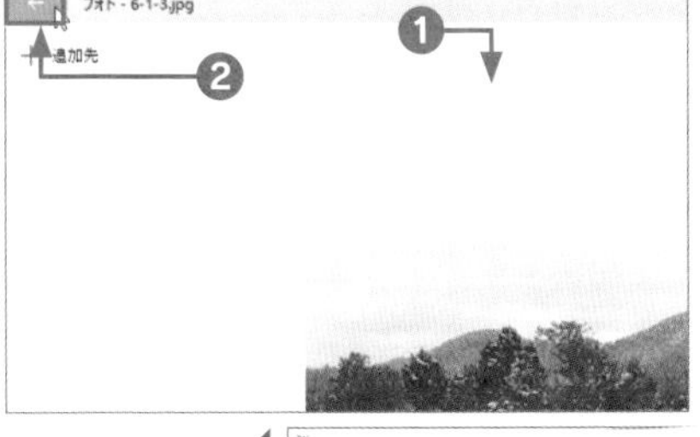

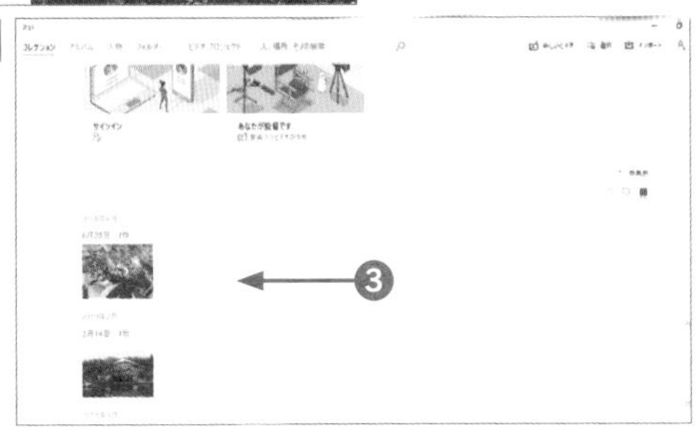

ここがポイント！

前の写真の表示

画面の左端をポイントすると［前へ］ボタンが表示されます。クリックすると、前の写真が表示されます。

知っておくと便利！

スライドショー

［もっと見る］ボタンをクリックして［スライドショー］をクリックすると、スライドショー形式で写真を鑑賞できます。全画面のサイズで写真が表示され、紙芝居のように数秒ごとに写真が切り替わります。

6-2

学習時間の目安 15 min 学習日・理解度チェック

月 日 □
月 日 □
月 日 □

写真を編集しよう

フォトにはさまざまな写真編集機能があります。編集した写真は複製として保存できるので、元の写真と比較しながら調整をかさねることができます。

写真の編集

フォトには写真の明るさや色味、傾きなど、さまざまな要素を調整する機能があります。ここでは写真の明るさを調整しましょう。

やってみよう―写真の明るさを調整しよう

学習ファイル ブルーベリー（学習用）

学習ファイル「ブルーベリー（学習用）」を開き、明るさを調整しましょう。

1 写真を選択して編集画面にします。

❶［ドキュメント］内にある「PCテキスト」フォルダーを開く
❷「ブルーベリー（学習用）」をダブルクリックする
❸フォトが起動し、写真が拡大表示される
❹［編集と作成］ボタンをクリックする
❺［編集］ボタンをクリックする

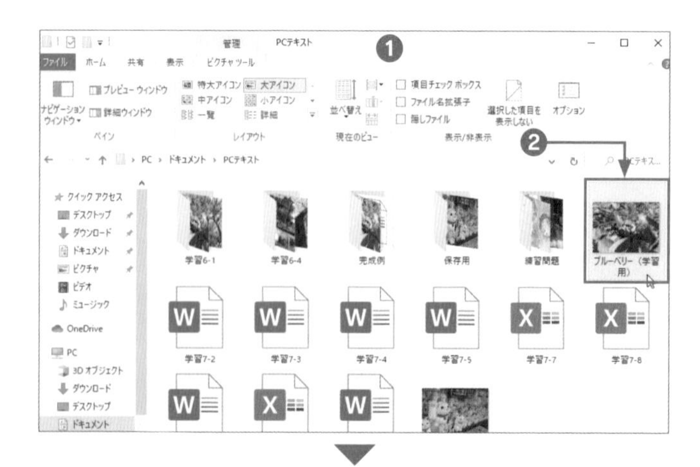

知っておくと便利！
写真への描画

［編集と作成］ボタンをクリックすると、［編集］ボタンの他にも選択肢があります。［描画］ボタンをクリックすると、写真に絵を描けるようになります。ペンの種類や線の色を選び、マウスでドラッグして描きます。

2 写真の明るさを調整します。

❶ 編集画面が表示される
❷ [調整] ボタンをクリックする
❸ [ライト] のスライダー (白い縦棒) をポイントし、適度に右へドラッグする
❹ 写真が明るくなる

3 編集した写真を保存します。

❶ [コピーを保存] ボタンをクリックする
❷ [名前を付けて保存] ダイアログボックスが表示されるので、[ドキュメント] をクリックする
❸「PCテキスト」、「保存用」の順にフォルダーをダブルクリックするする
❹ ファイル名ボックスをクリックし、「学習6-2」と入力する
❺ [保存] ボタンをクリックする

完成例ファイル 学習6-2 (完成)

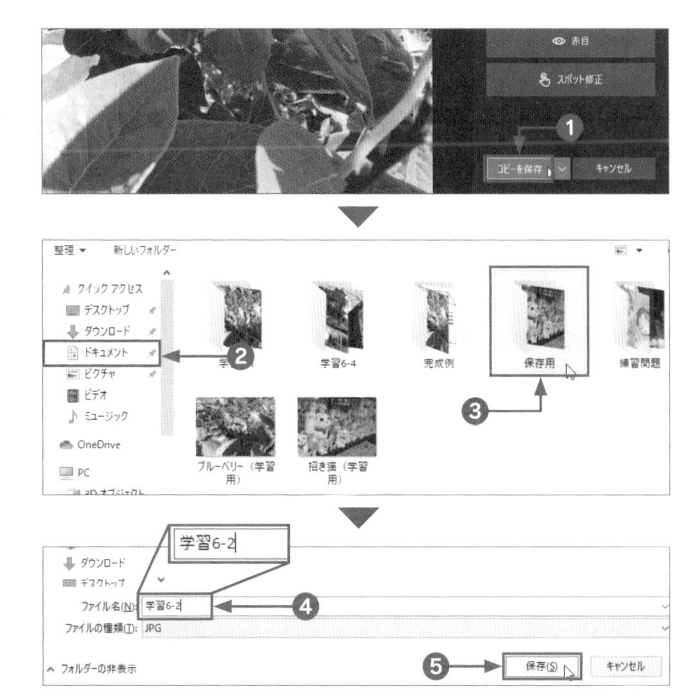

知っておくと便利！
編集画面

この画面では、明るさ以外にもさまざまな要素の調整が可能です。

❶ **色**…色味を調整します。右に行くほど彩度 (鮮やかさ) が強くなり、左に行くほど白黒に近づきます。
❷ **明瞭度**…左に行くほどぼかしが強くなり、右に行くほどシャープになります。
❸ **ふちどり**…左に行くほど写真の周囲が明るくなり、右に行くほど写真の周囲が暗くなります。
❹ **赤目**…フラッシュ撮影で人物の瞳が赤目になってしまった場合の補正ができます。
❺ **スポット修正**…しみやゴミなど、部分的に消したい箇所を修正できます。

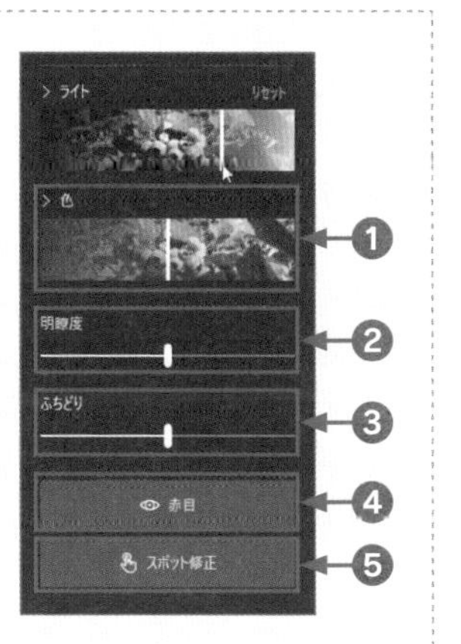

6-3

学習時間の目安 10 min　学習日・理解度チェック

月　日 □
月　日 □
月　日 □

写真を印刷しよう

プリンターで写真の印刷を行います。高画質な写真や年賀状、文書などを印刷できる便利な家庭用プリンターが比較的安価で販売されています。
フォトから印刷する前に、プリンターの取り扱い説明書を読み、パソコンとプリンターを接続しておきましょう。ここでは、プリンターが利用できる状態になっていることを前提に解説します。

写真の印刷

デジタルカメラで撮影した写真を、フォトで印刷してみましょう。

やってみよう―写真を印刷する

学習ファイル　ブルーベリー（学習用）

学習ファイル「ブルーベリー（学習用）」を開き、印刷しましょう。

1 印刷したい写真を選択します。

❶［ドキュメント］内にある「PCテキスト」フォルダーを開く
❷「ブルーベリー（学習用）」をダブルクリックする
❸フォトが起動し、写真が拡大表示される
❹［印刷］ボタンをクリックする

2 プリンターの種類を表示します。

❶印刷画面が表示される
❷［プリンター］の▼ボタンをクリックする

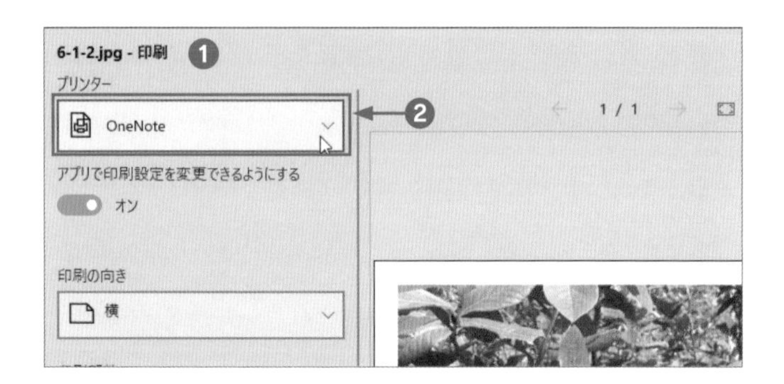

3 プリンターを選択します。

❶ プリンターの一覧が表示される
❷ 印刷に使用するプリンターをクリックする

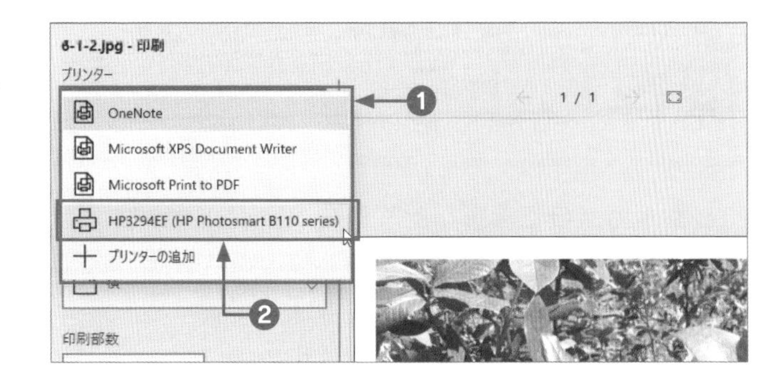

4 印刷設定を確認します。

❶ プリンターの設定を確認する

5 印刷します。

❶ [印刷] ボタンをクリックする
❷ 印刷が実行される

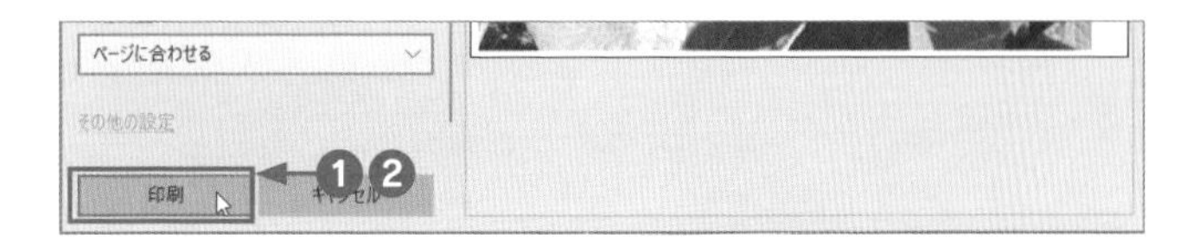

知っておくと便利！

▶ 印刷設定

プリンターの主な印刷設定を確認します。なお、プリンターによって、設定できる項目に違いがあります。また、同じ選択肢がない場合は、似たような選択肢を選びましょう。

❶ **印刷部数**…印刷する枚数を設定します。
❷ **用紙トレイ**…複数のトレイに用紙を振り分けているプリンターの場合は、適切なトレイを選択できます。通常は「自動選択」で印刷可能です。
❸ **用紙サイズ**…通常のサイズは「A4」です。写真用のL判用紙などを使うときは変更しましょう。
❹ **用紙の種類**…通常は「普通紙」です。写真用のコート紙やインクジェット用紙などを使うときは変更しましょう。
❺ **写真のサイズ**…用紙に対して、印刷する写真の大きさを調整できます。
❻ **ページの余白**…上下左右にとる余白の設定ができます。
❼ **自動調整**…通常は「ページに合わせる」です。

6-4

学習時間の目安 20 min　学習日・理解度チェック

写真をOneDriveに保存しよう

月　日　□
月　日　□
月　日　□

デジタルカメラで撮影した写真を「OneDrive」に保存してみましょう。
OneDriveに保存しておくと、インターネットにつながっているパソコンであれば、どこからでもファイルにアクセスすることができます。例えば、一緒に旅行に行ったときの写真を友人と共有したい場合などにも利用できます。

OneDriveとは

Microsoft社が提供する「オンラインストレージサービス」として、「OneDrive」があります。インターネット上に用意されたファイルの保存場所が、「オンラインストレージ」です。利用者は、インターネット回線を使ってその場所にファイルを保存します。インターネットにつながっていれば、どの場所からでもサービスが利用できます。合計5GBまでのファイル容量であれば、無料で保存できます。
他人とファイルを共有するしくみが用意されていますので、写真の保存場所にすると活用の幅が広がります。また、デジタルカメラだけでなく、スマートフォンで撮った写真もOneDriveに保存することができるので、さまざまな機器で撮影した写真を一括管理する、といった使い方もできます。
もちろん、Wordで作成したファイルなども保存できます。Wordのようなファイルを他人と共有すると、別々のパソコンで同じひとつのファイルを編集する、というようなことも可能になります。
応用の幅が広いので、本書ではOneDriveにファイルを保存する手順を紹介するにとどめます。

オンラインストレージ

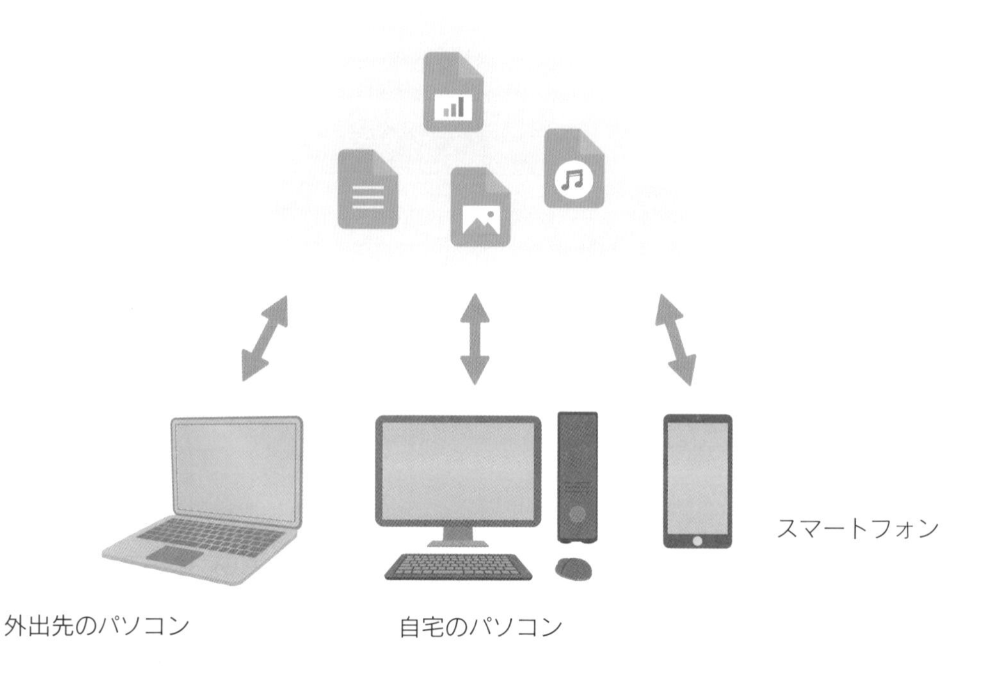

OneDriveでの写真の保存

OneDriveの利用を開始するには、ブラウザーでOneDriveのWebページを表示し、サインインします。OneDriveの画面で［アップロード］ボタンをクリックすると、写真を保存できます。

やってみよう—OneDriveに写真を保存する

学習ファイル 学習6-4

OneDriveにサインインして、学習ファイル「学習6-4」フォルダーの写真を保存しましょう。

1 OneDriveにアクセスします。

❶ブラウザーを起動する
❷アドレスバーにURL「onedrive.live.com/about/ja-jp/」を入力する
❸ Enter キーを押す
❹［サインイン］ボタンをクリックする

2 OneDriveにアクセスします。

❶サインイン画面が表示される
❷メールアドレスを入力する
❸［次へ］ボタンをクリックする
❹パスワードを入力する
❺［サインイン］ボタンをクリックする

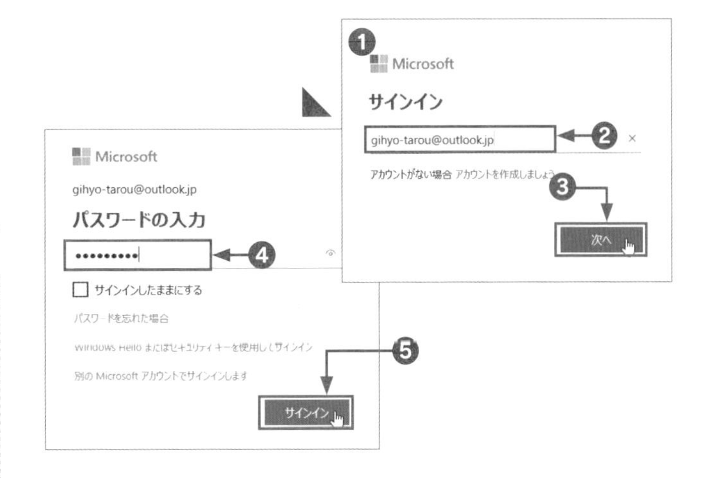

ここがポイント！
▶ OneDriveサインイン

サインイン済みで1の❹の操作が必要なかった場合は、次ページ3のOneDrive画面に進んでください。

知っておくと便利！
▶ Edgeでのパスワード保存

Microsoft Edgeを起動してOneDriveにサインインしたときに、画面下方にパスワードを保存する旨のメッセージが表示されます。［保存］ボタンをクリックすると、次回からパスワードの入力を省略できます。

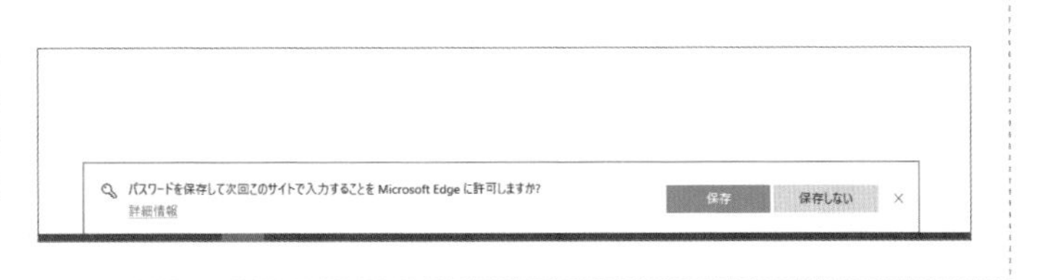

3 OneDriveに写真を保存します。

❶OneDriveの画面が表示される
❷[アップロード] ボタンをクリックする
❸[フォルダー] をクリックする

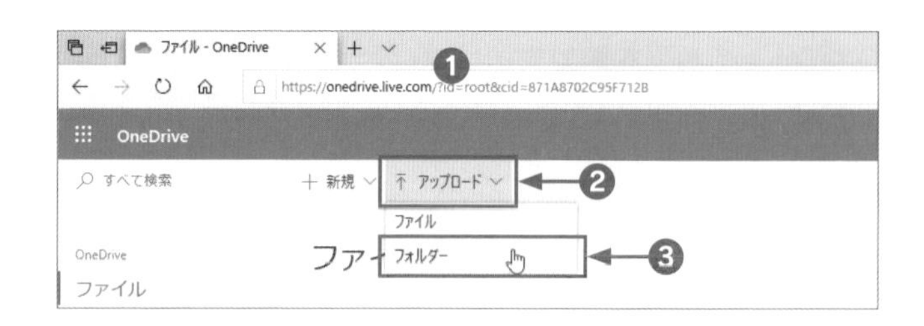

4 保存するフォルダーを選択します。

❶[ドキュメント] をクリックする
❷[PCテキスト] をダブルクリックする
❸「学習6-4」のフォルダーをクリックする
❹[フォルダーの選択] ボタンをクリックする

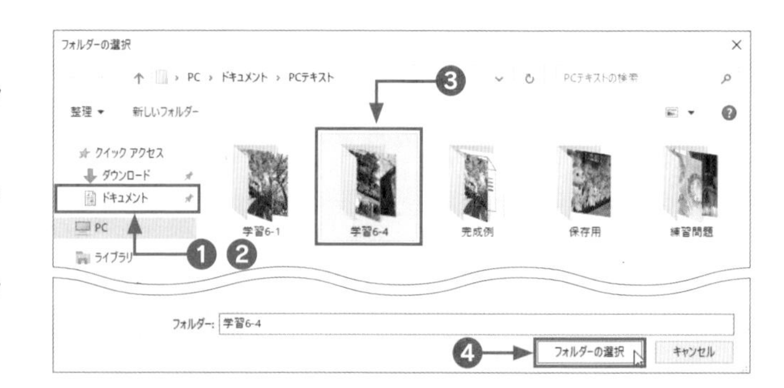

5 写真の保存を実行します。

❶「…アイテムをアップロードしています」と表示される
❷完了するとメッセージが表示される
❸保存したフォルダーが表示される

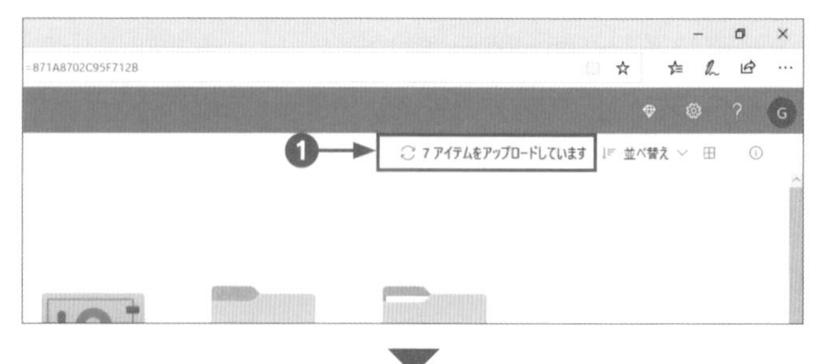

ここがポイント！
アップロードする写真の選択

写真のアップロードは、「フォルダー」単位だけでなく、「ファイル」単位で選択してアップロードすることもできます。
また、OneDriveはインターネット回線を使用してファイルをアップロードします。一度に100枚などの大量のファイルをアップロードする場合には、多くの時間がかかることがあります。

キーワード
アップロード

オンラインストレージなど、インターネット上の保存場所にファイルを保存することを「アップロード」といいます。

ステップアップ！

OneDriveをエクスプローラーから参照する

パソコンからOneDriveを起動してサインインすると、OneDriveに保存されているファイル・フォルダーは、パソコンでも扱うことができます。

パソコンでOneDriveにサインイン

スタートメニューから「OneDrive」をクリックして起動します。最初に設定画面が表示されるので、OneDriveのアカウント（メールアドレスとパスワード）を入力してサインインします。その後は、案内にしたがって［次へ］ボタンをクリックします。なお、有料プランの案内画面などが表示されたときには［後で］ボタンをクリックすると、回避することができます。

設定後は、エクスプローラーを起動して［OneDrive］をクリックすると、OneDriveにアップロードされているファイル・フォルダーを参照でき、利用することができます。

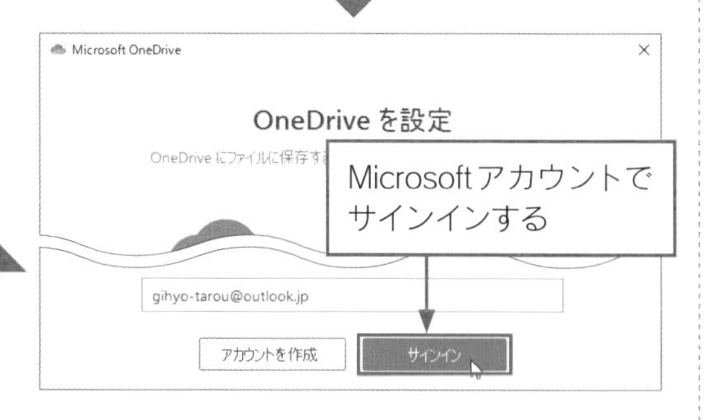

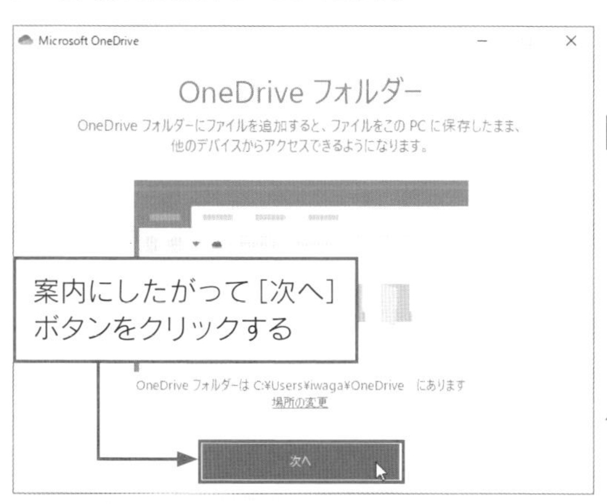

自動バックアップ

パソコンでOneDriveを起動してサインインすると、自動的に［デスクトップ］［ドキュメント］［ピクチャ］も、その内容ごとOneDriveにアップロードされます。

これはパソコン内の主なフォルダーをOneDriveに自動的に「バックアップ」するサービスです。バックアップとは、パソコンの故障などに備えて、大事なデータを別の保存先に複製しておくことです。

なお、OneDrive内の［ドキュメント］を削除すると、パソコンの［ドキュメント］の内容も削除されてしまいます。注意しましょう。

学習日・理解度チェック

月	日	□
月	日	□
月	日	□

練習問題

練習6-1

フォトを使って写真を調整しましょう。

練習問題ファイル ▶ 練習6-1

❶「PCテキスト」の「練習問題」の「練習6-1」をダブルクリックし、フォトで開き編集モードにしましょう。

❷下記のように写真を調整しましょう。

ライト………… 30
色……………… 30
明瞭度………… 50
ふちどり……… -20

❸コピーを同じ名前で「保存用」フォルダーに保存しましょう。

完成例ファイル ▶ 練習6-1（完成）

練習6-2

練習6-1で調整した写真をOneDriveへアップロードしましょう。

❶ OneDriveに調整した写真をアップロードしましょう。

❷ アップロードした写真を削除しましょう。

ここがポイント！

▶ OneDrive ファイルの削除

OneDrive内のファイルを削除するには、削除したいファイルの右上の○をクリックしてチェックを入れ、上部のメニューの「削除」をクリックします。削除したファイルはごみ箱に移動し、ごみ箱からいつでも復元が可能です。

Chapter 7

Word・Excelの基本操作

WordとExcelの画面の名称や使い方を学び、WordとExcelの基本的な操作の方法を学習します。
また、Excelで作った表をWordに挿入して活用する方法も学習します。

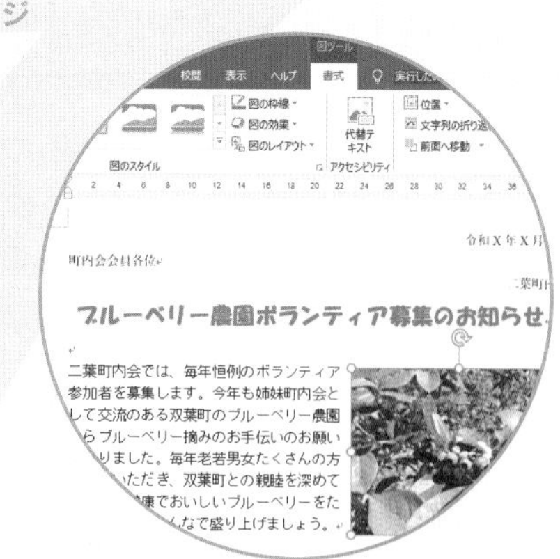

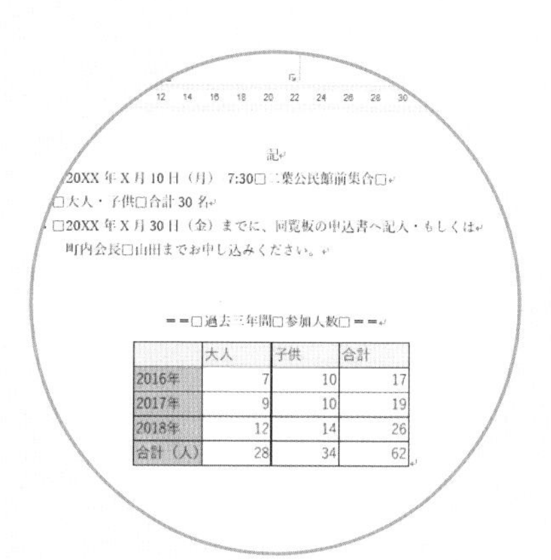

7-1

学習時間の目安 30 min　学習日・理解度チェック

月　日　□
月　日　□
月　日　□

Word（ワード）で文書作成しよう

Wordで文書を作成しましょう。Wordは、手紙やお知らせ、ビジネス文書などを作成するのが得意なアプリです。長文を入力しやすく、文書の書式を整える機能が多数備わっています。また、写真や表を入れることができるので、幅広い表現も可能です。

ここでの学習ステップ

ここからはWord・Excelを使用して、具体的な文書を作成しながら学習していきます。まずはWordを起動し、白紙の文書に文章を入力しましょう。また、ビジネス文書などでよく使用される「記書き」の書式が、自動的に入力されることを確認しましょう。

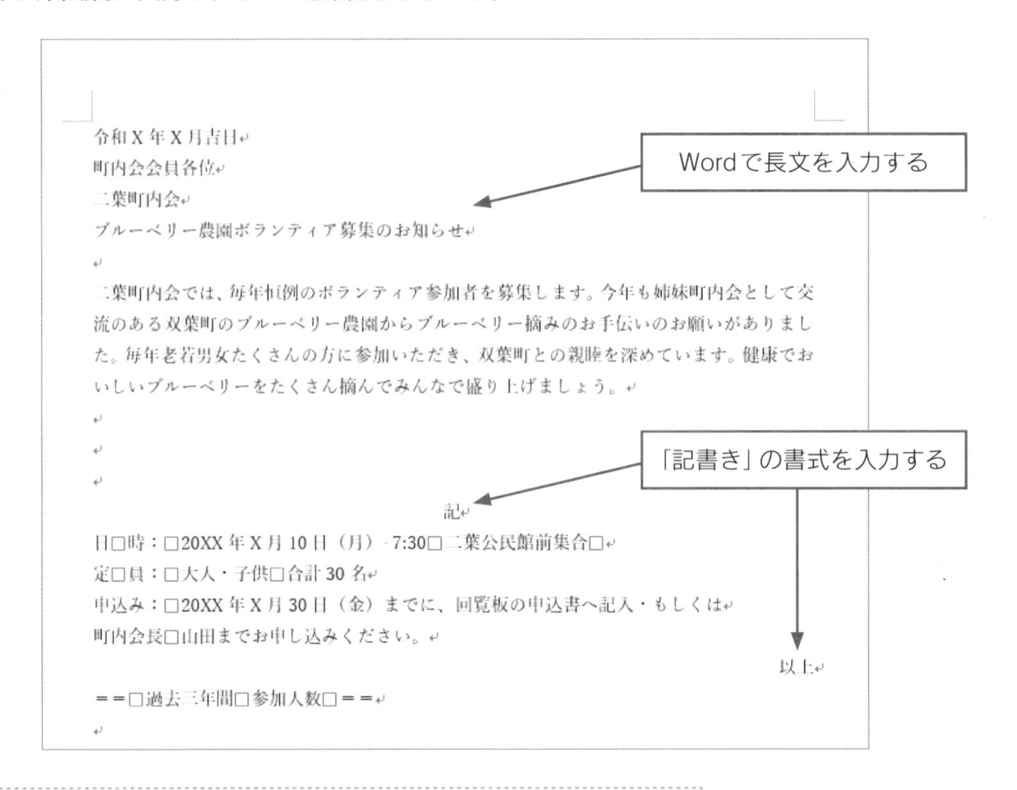
令和X年X月吉日
町内会会員各位
二葉町内会
ブルーベリー農園ボランティア募集のお知らせ

二葉町内会では、毎年恒例のボランティア参加者を募集します。今年も姉妹町内会として交流のある双葉町のブルーベリー農園からブルーベリー摘みのお手伝いのお願いがありました。毎年老若男女たくさんの方に参加いただき、双葉町との親睦を深めています。健康でおいしいブルーベリーをたくさん摘んでみんなで盛り上げましょう。

記
日□時：□20XX年X月10日（月）7:30□二葉公民館前集合□
定□員：□大人・子供□合計30名
申込み：□20XX年X月30日（金）までに、回覧板の申込書へ記入・もしくは
町内会長□山田までお申し込みください。
以上
==□過去三年間□参加人数□==

知っておくと便利！

Wordの入力補助機能

記書きの「記」と「以上」のように、組み合わせが決まっている書式があります。Wordではそのような文字が入力されたとき、自動的に残りの文字を入力して配置を整える「入力補助機能」があります。ほかに、「拝啓」と「敬具」のような、頭語・結語の入力補助などがあります。

Wordの画面の名称

Wordは、すでに「Chapter 2　文字の入力」で使用したアプリですが、改めて画面の見方を確認しましょう。

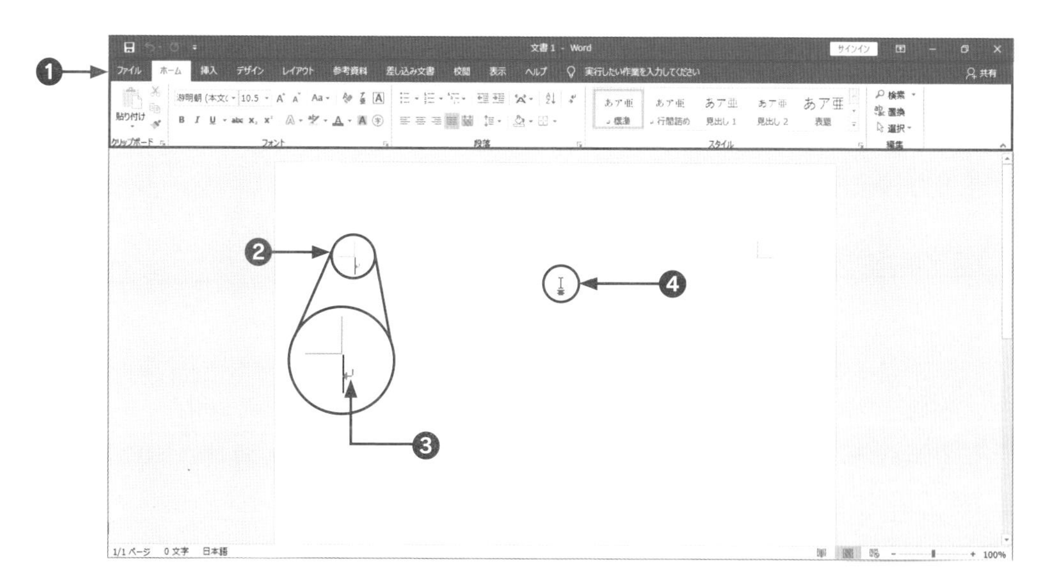

❶ リボン…操作を実行するためのボタンが、リボンとしてまとめて配置されています。タブをクリックするとリボンが切り替わります。

❷ カーソル…文字を入力する位置を表します。

❸ 段落記号…文書内で Enter キーを押して改行した位置につく記号です。

❹ マウスポインター…Wordでは通常時のマウスポインターが で表示されます。

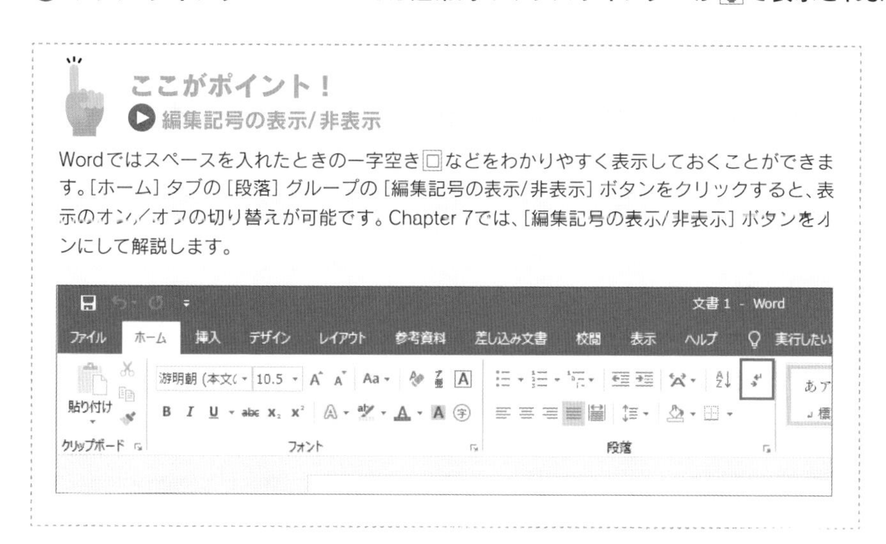

ここがポイント！

▶ 編集記号の表示/非表示

Wordではスペースを入れたときの一字空き□などをわかりやすく表示しておくことができます。[ホーム] タブの [段落] グループの [編集記号の表示/非表示] ボタンをクリックすると、表示のオン/オフの切り替えが可能です。Chapter 7では、[編集記号の表示/非表示] ボタンをオンにして解説します。

文章の入力

Wordで文書を作成するときには、まず必要な文章をすべて入力するのがコツです。そのあとに文章の見た目の部分を調整しながら、読みやすい文書へ工夫していきます。

やってみよう―文章を入力して「記書き」の書式を入力する

掲載画面を見ながら文章を入力しましょう。

1 文章を入力します。

❶右のように文章を入力する

文字が読みにくい場合は、124ページに掲載の画面を見ながら入力してください。

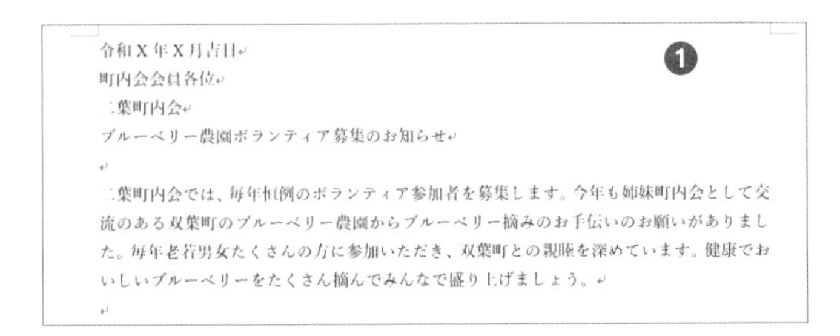

2 「記書き」を入力します。

❶3行分、改行する
❷「記」を入力して確定する
❸ Enter キーを押して改行する
❹自動的に「記」が中央に配置され、一行下の右端に「以上」が入力される

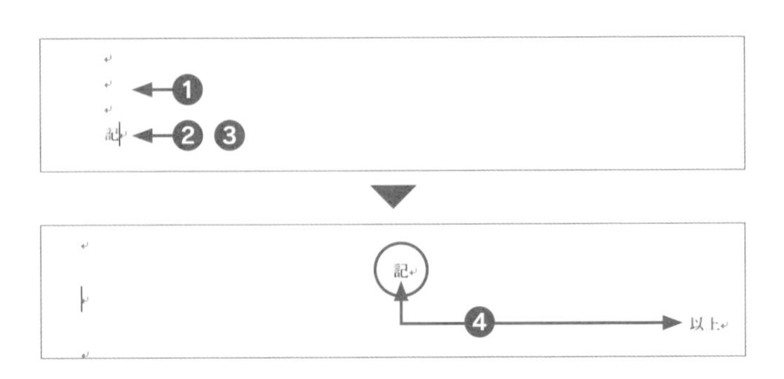

3 続きの文章を入力します。

❶右のように文章を入力する
❷「以上」の下の行をクリックする
❸続きの文字を入力する

学習7-1（完成）

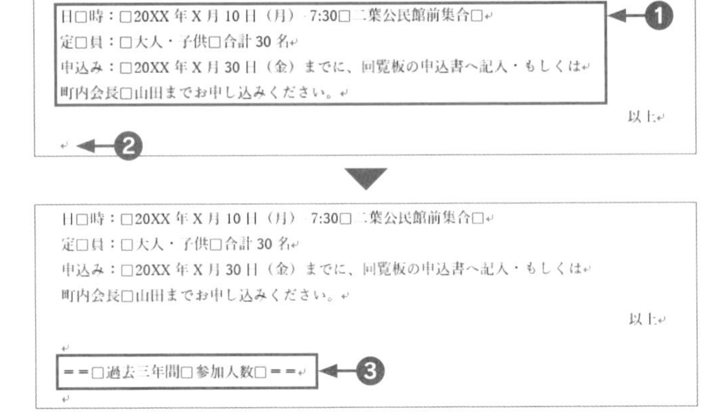

ここがポイント！

▶「=」の入力

「=」を入力するには、Shift キーを押しながら「ほ」と印字されたキーを押します。

7-2

学習時間の目安 15 min　学習日・理解度チェック

月　日　□
月　日　□
月　日　□

文字に書式を設定しよう

Wordには書体が異なる「フォント」が用意されています。Wordは、入力した文字に対して、フォントやフォントのサイズをはじめとする、さまざまな「書式」を設定できます。

ここでの学習ステップ

ここでは、ごく基本的な書式である「フォント」やフォントのサイズの変更方法を学びましょう。

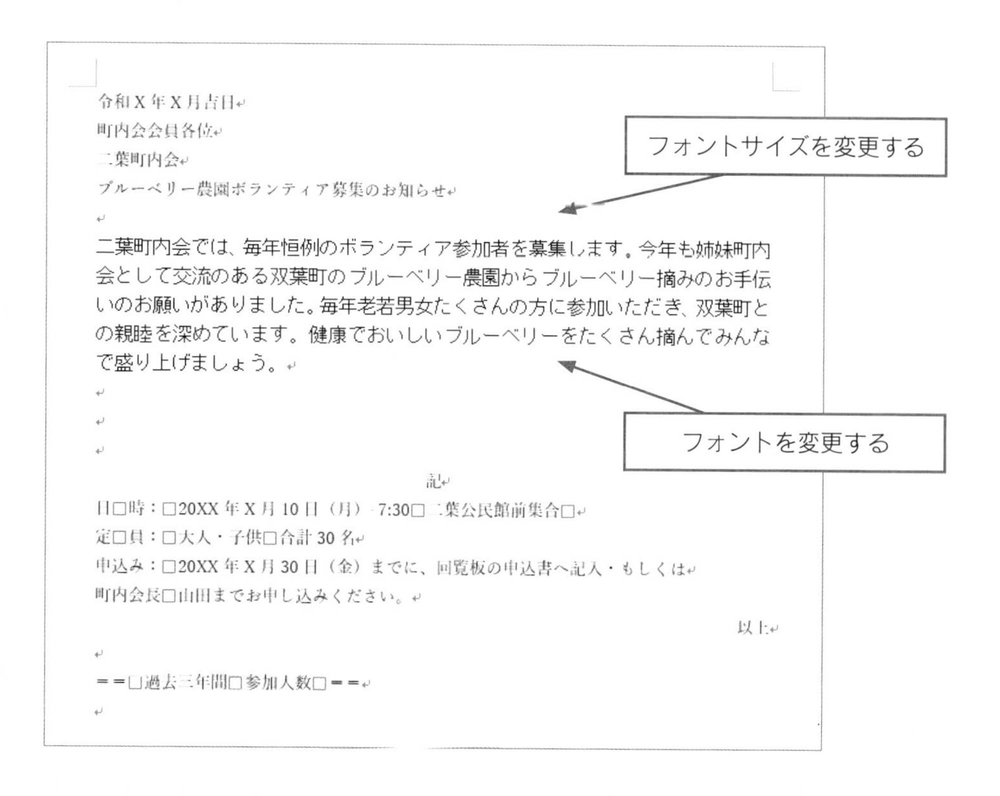
令和X年X月吉日
町内会会員各位
二葉町内会
ブルーベリー農園ボランティア募集のお知らせ

二葉町内会では、毎年恒例のボランティア参加者を募集します。今年も姉妹町内会として交流のある双葉町のブルーベリー農園からブルーベリー摘みのお手伝いのお願いがありました。毎年老若男女たくさんの方に参加いただき、双葉町との親睦を深めています。健康でおいしいブルーベリーをたくさん摘んでみんなで盛り上げましょう。

記

日□時：□20XX年X月10日（月）7:30□二葉公民館前集合□
定□員：□大人・子供□合計30名
申込み：□20XX年X月30日（金）までに、回覧板の申込書へ記入・もしくは
町内会長□山田までお申し込みください。

以上

＝＝□過去三年間□参加人数□＝＝

Word機能とタブ

「タブ」をクリックするとさまざまなボタンが配置されています。たとえば、[挿入] タブは文書に何かを新しく挿入するための機能、[レイアウト] タブはページの設定に関する機能が配置されています。
文字に設定できる機能は、[ホーム] タブのリボンの中にある [フォント] グループの中にボタンとして配置されています。

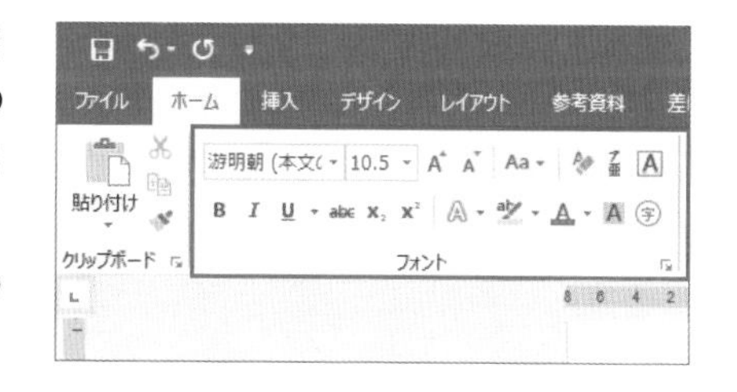

フォントとフォントサイズの設定

Wordには、数多くの書体のフォントが用意されています。書体の基本的な種類に、例えば「明朝体」「ゴシック体」「教科書体」などがあります。適切な書体を設定することで、文章が読みやすくなったり、文書全体の印象が変わったりします。また、フォントはサイズを変更することができます。

やってみよう―フォントサイズを変更する

学習ファイル 学習7-2

文章のフォントサイズを12pt（ポイント）に変更しましょう。

1 文章を選択します。

❶「二葉町…」の先頭をポイントする
❷そのまま右下へドラッグを開始し、「しましょう。」の後でドラッグを終了する
❸文章の背景がグレーになり、選択状態になる

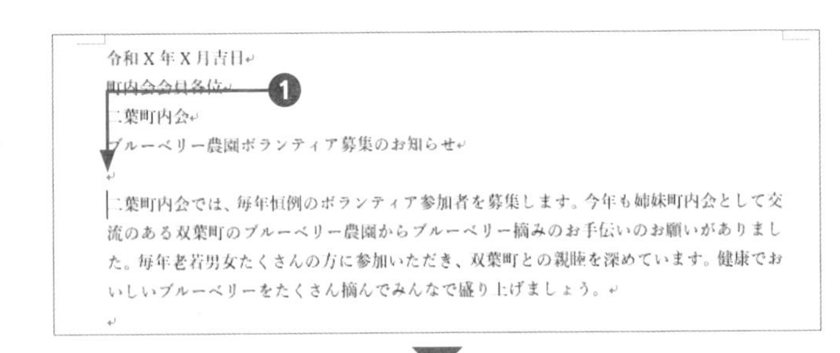

2 フォントサイズを変更します。

❶［ホーム］タブの［フォント］グループの［フォントサイズ］ボックスの▼をクリックする
❷［12］をクリックする
❸フォントサイズが10.5ポイントから12ポイントに変更される
❹次の設定を続けるため、選択状態のままにしておく

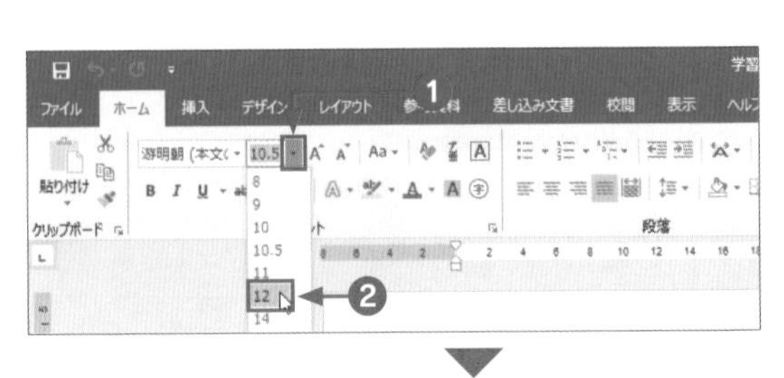

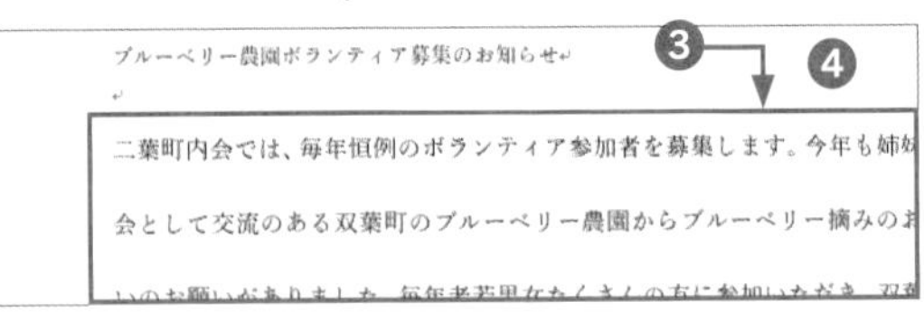

知っておくと便利！
▶フォントサイズの変更

［フォントサイズ］ボックスの数字をクリックすると、数字の背景が青になり、直接変更できるようになります。数字を入力して Enter キーを押すと、サイズが変更されます。メニューには表示されなかった数値も入力することができます。

やってみよう—フォントを変更する

文章のフォントを「MSゴシック」に変更しましょう。

1 文章を選択します。

❶ 文章が選択されていることを確認する

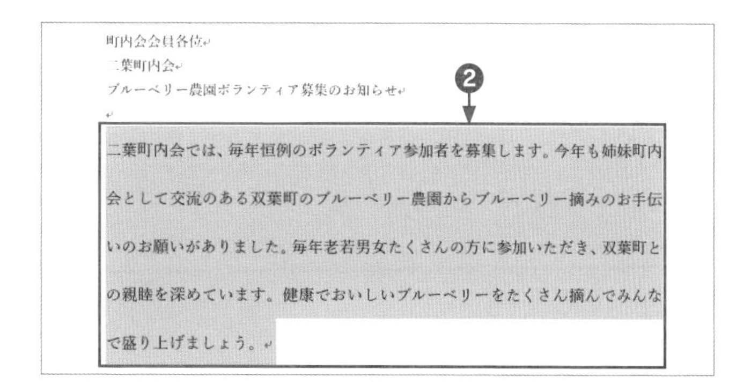

2 フォントを変更します。

❶ [ホーム] タブの [フォント] グループの [フォント] ボックスの▼をクリックする

❷ [MSゴシック] をクリックする

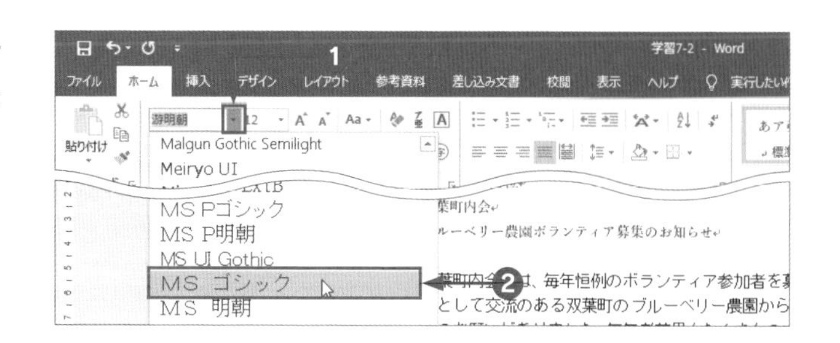

3 選択を解除します。

❶ 選択箇所のフォントが「MSゴシック」になる

❷ 選択箇所以外の場所をクリックする

❸ 選択が解除される

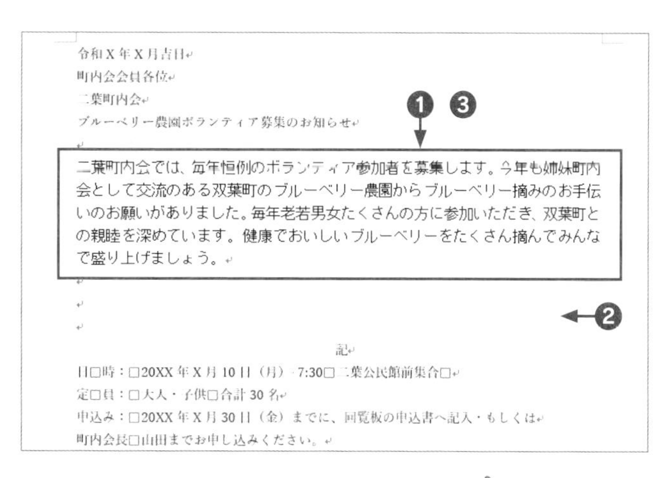

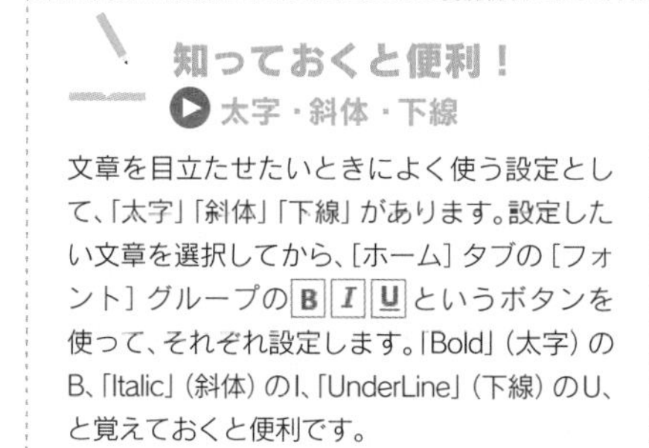

知っておくと便利！

▶ 太字・斜体・下線

文章を目立たせたいときによく使う設定として、「太字」「斜体」「下線」があります。設定したい文章を選択してから、[ホーム] タブの [フォント] グループの B I U というボタンを使って、それぞれ設定します。「Bold」(太字) のB、「Italic」(斜体) のI、「UnderLine」(下線) のU、と覚えておくと便利です。

完成例ファイル 学習7-2 (完成)

7-3

学習時間の目安 10 min

学習日・理解度チェック

月　日　□
月　日　□
月　日　□

文字を装飾しよう

ワードアートは、文字を装飾的に表現することができる機能です。ポスターやチラシの目立たせたいタイトルなどに利用します。

ここでの学習ステップ

ここでは、「ワードアート」機能を使って、入力した文字を装飾的なスタイルに変更する方法を学習しましょう。

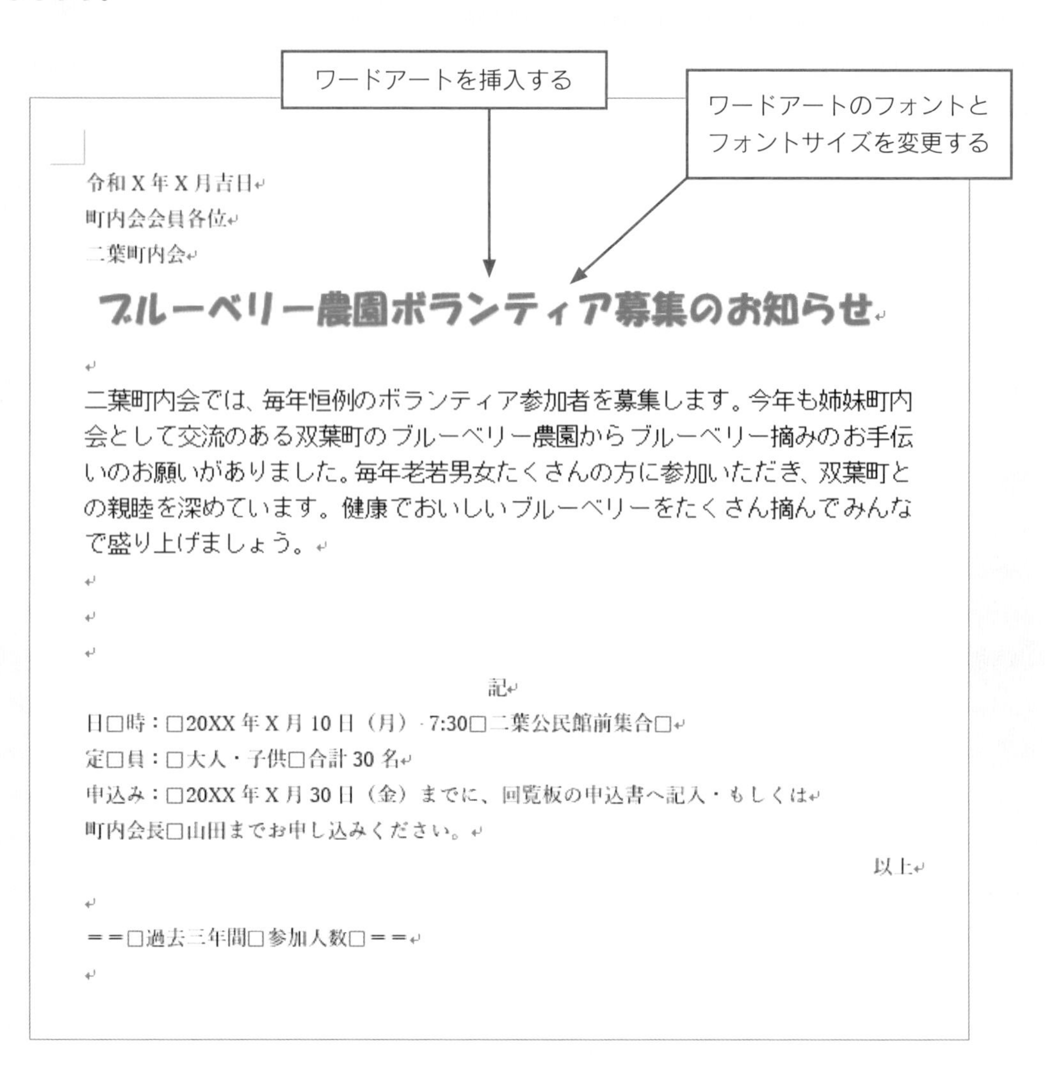

令和X年X月吉日
町内会会員各位
二葉町内会

ブルーベリー農園ボランティア募集のお知らせ

二葉町内会では、毎年恒例のボランティア参加者を募集します。今年も姉妹町内会として交流のある双葉町のブルーベリー農園からブルーベリー摘みのお手伝いのお願いがありました。毎年老若男女たくさんの方に参加いただき、双葉町との親睦を深めています。健康でおいしいブルーベリーをたくさん摘んでみんなで盛り上げましょう。

記

日□時：□20XX年X月10日（月）7:30□二葉公民館前集合□
定□員：□大人・子供□合計30名
申込み：□20XX年X月30日（金）までに、回覧板の申込書へ記入・もしくは
町内会長□山田までお申し込みください。

以上

＝＝□過去三年間□参加人数□＝＝

ワードアートの挿入

入力済みの文字を選択して、ワードアートを設定します。デザインの一覧から、好みのスタイルを選択することで、簡単に変更ができます。

やってみよう—ワードアートを設定する

学習ファイル 学習7-3

タイトルにワードアートを設定し、さらにフォントとフォントサイズを変更しましょう。

1 文章を選択してワードアートの種類を選択します。

❶「ブルーベリー農園ボランティア募集のお知らせ」をドラッグして選択する
❷［挿入］タブをクリックする
❸［テキスト］グループの［ワードアート］ボタンをクリックする
❹一覧の［塗りつぶし：青、アクセントカラー 1；影］をクリックする
❺タイトルがワードアートに変更される

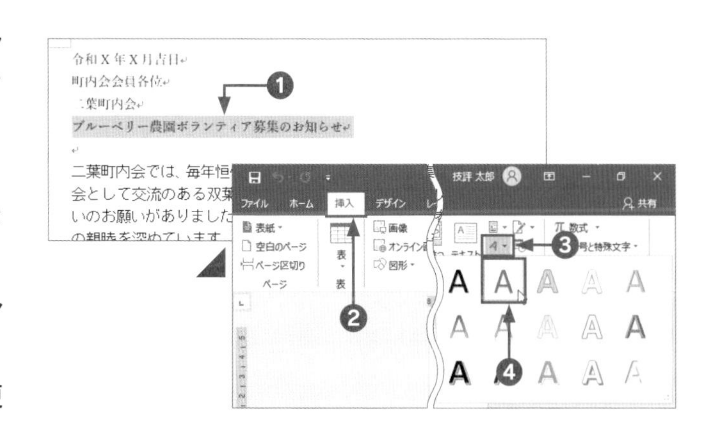

2 フォントとフォントサイズを変更します。

❶［ホーム］タブをクリックする
❷［フォント］グループの［フォント］ボックスの▼をクリックする
❸書体の一覧が表示される
❹「HGS創英角ポップ体」をクリックする
❺フォントが変更される
❻［フォントサイズ］ボックス内をクリックする
❼19と入力して Enter キーを押す
❽フォントサイズが36ptから19ptに変更される

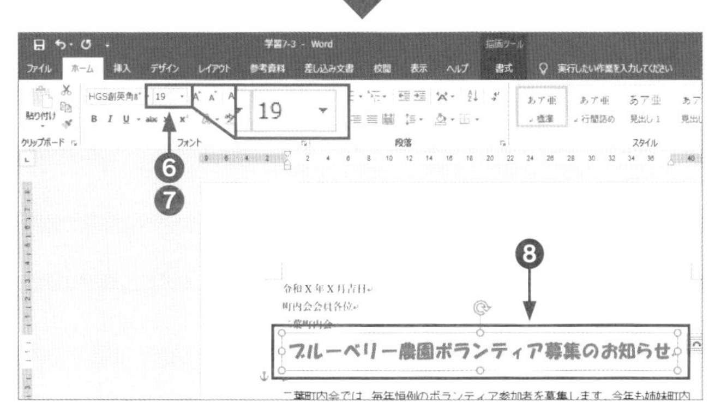

完成例ファイル 学習7-3（完成）

7-4

学習時間の目安 10 min　学習日・理解度チェック

月　日　□
月　日　□
月　日　□

文字の配置を変更しよう

入力した文字の配置を変更しましょう。文字は通常、左端に揃えられて入力されますが、中央や右に揃えるなど、配置を変更できます。

ここでの学習ステップ

Wordの段落書式機能を利用し、文字の配置を中央揃え、右揃えに変更する方法を学習します。また、文字の開始位置をずらす「インデント」の設定も学習します。

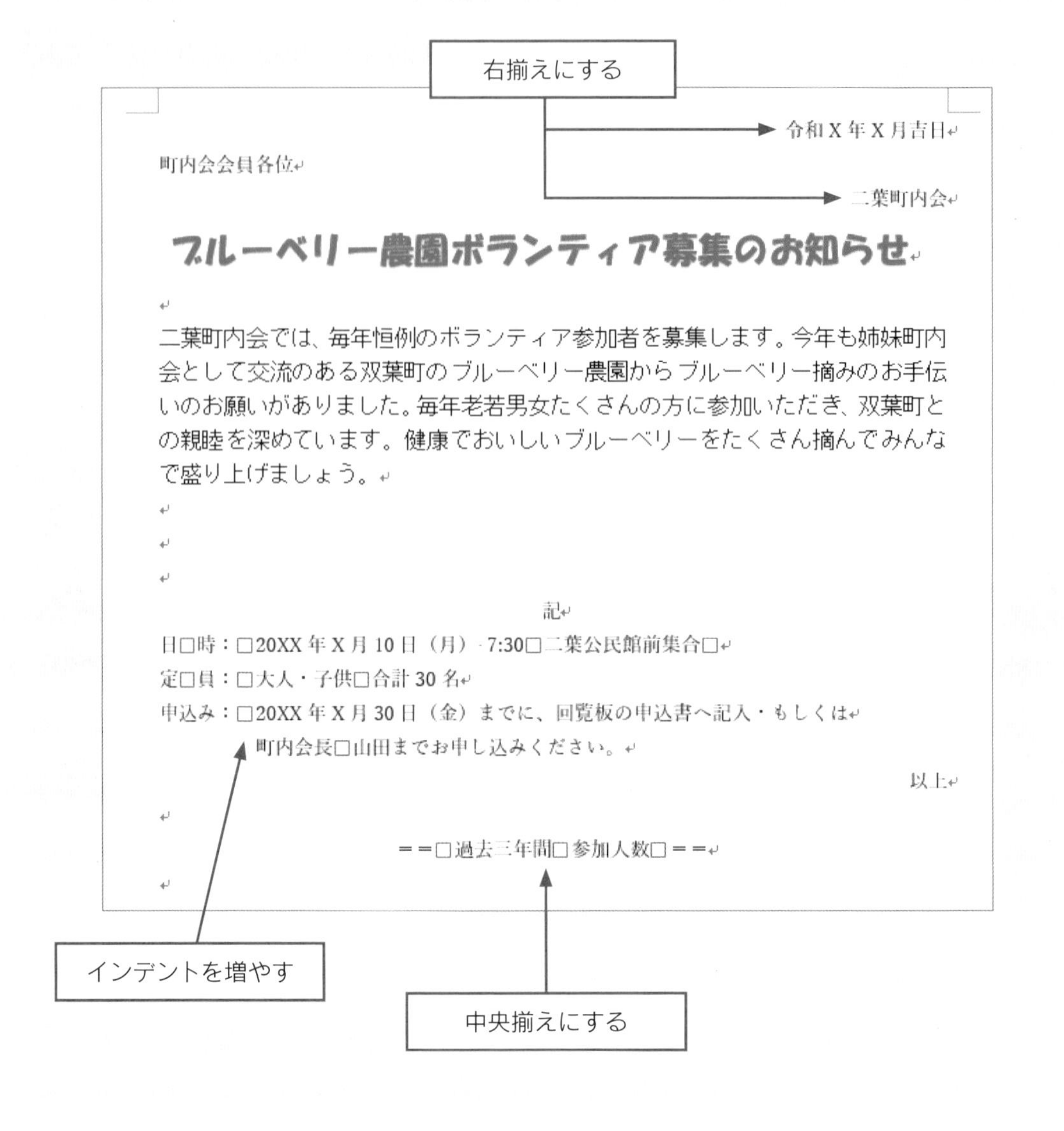

文字の配置

文字の配置を段落の中央や右に揃えます。変更したい段落がひとつの場合は、いずれかの行にマウスカーソルを移動してから設定します。複数の場合は、設定したい段落をドラッグして選択します。

やってみよう―中央揃えにする

学習ファイル 学習7-4

一番下の行の段落「＝＝　過去三年間　参加人数　＝＝」を中央揃えにしましょう。

1 段落を選択します。

❶「＝＝　過去三年間　参加人数　＝＝」の段落内をクリックする

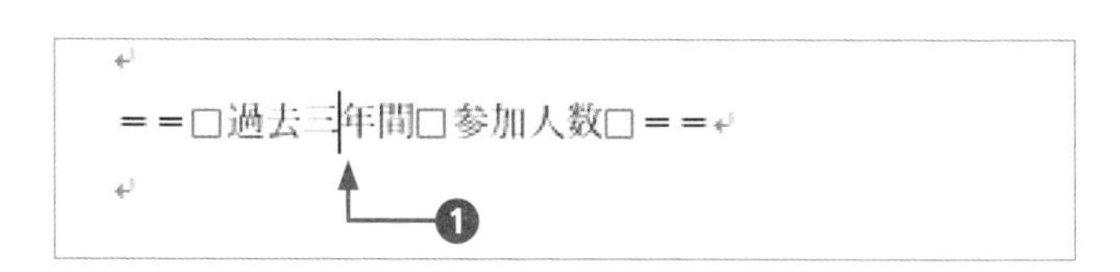

2 段落を中央に配置します。

❶ ［ホーム］タブの［段落］グループの［中央揃え］ボタンをクリックする

❷「＝＝　過去三年間　参加人数　＝＝」が中央に配置される

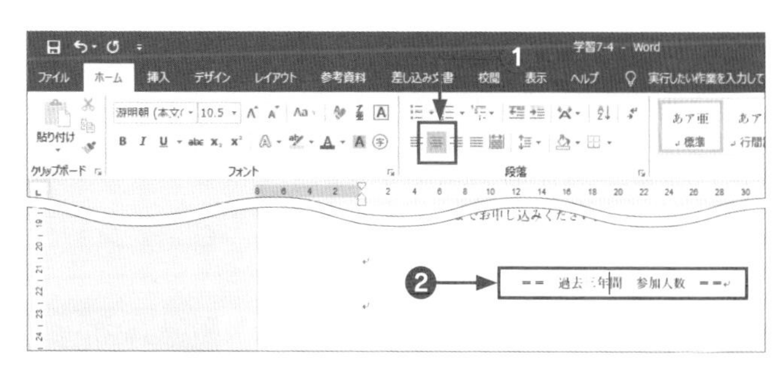

やってみよう―右揃えにする

1行目と3行目を右揃えにしましょう。

1 複数行を選択します。

❶ 1行目をドラッグして選択する

❷ Ctrl キーを押しながら3行目をドラッグする

❸ 1行目と3行目の背景がグレーになり、選択される

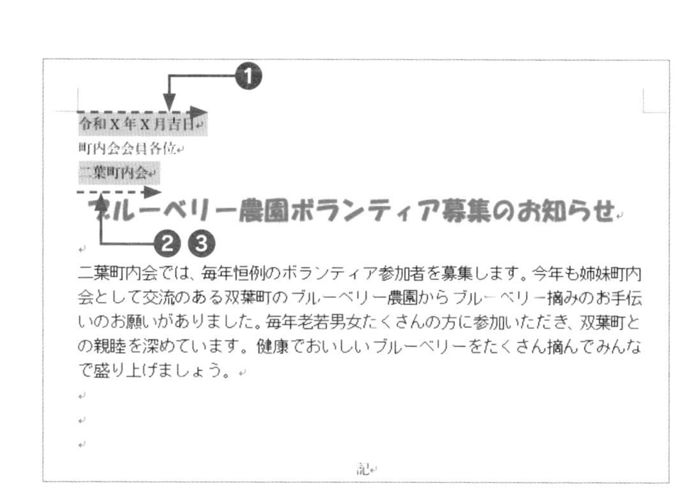

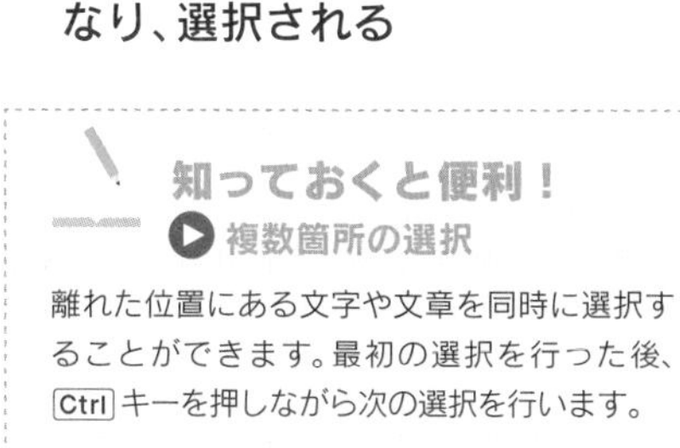

知っておくと便利！

▶ 複数箇所の選択

離れた位置にある文字や文章を同時に選択することができます。最初の選択を行った後、Ctrl キーを押しながら次の選択を行います。

2 右揃えに設定します。

❶[ホーム] タブの [段落] グループの[右揃え] ボタンをクリックする
❷段落が右揃えに設定される

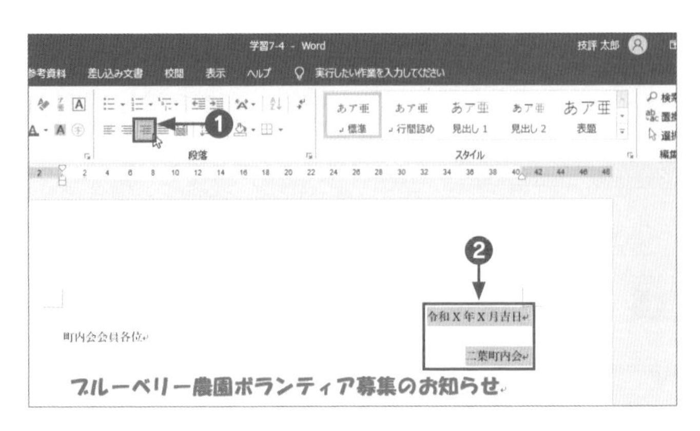

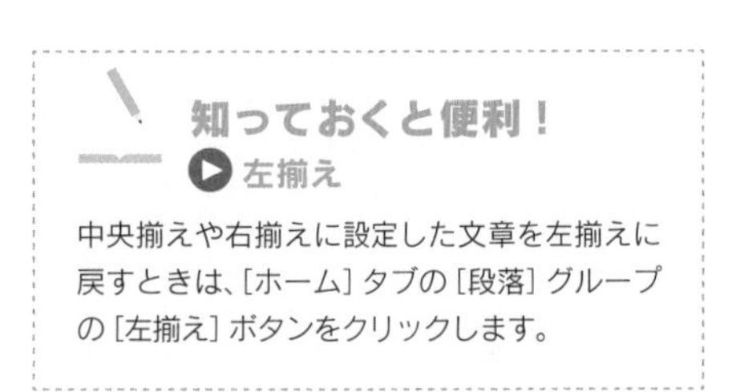
知っておくと便利！
左揃え

中央揃えや右揃えに設定した文章を左揃えに戻すときは、[ホーム] タブの [段落] グループの [左揃え] ボタンをクリックします。

インデントの設定

「インデント」は、文字の開始の位置を変更する設定です。文章を読みやすくするために、字下げなどに利用されます。ここでは、改行した文章のはじまりを揃えるために5文字分字下げをしています。

やってみよう―インデントを設定する

記書きの最後の行にインデントを設定し、5文字分字下げをしましょう。

1 「町内会長…」の行を選択して、インデントを設定します。

❶「町内会長…」の段落内をクリックする
❷[ホーム] タブの [段落] グループの [インデントを増やす] ボタンを5回クリックする
❸5文字分のインデントが設定される

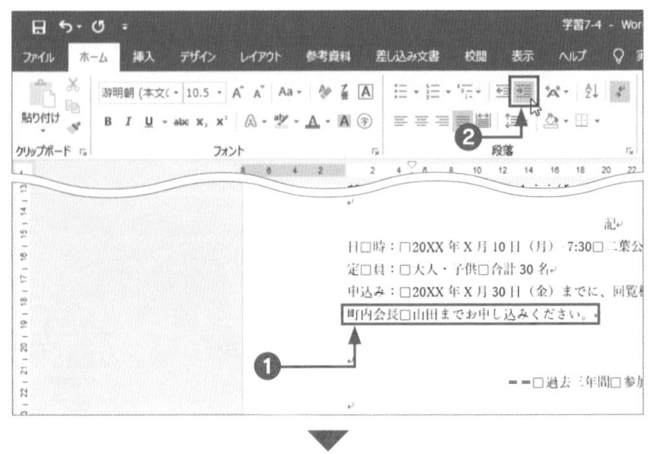

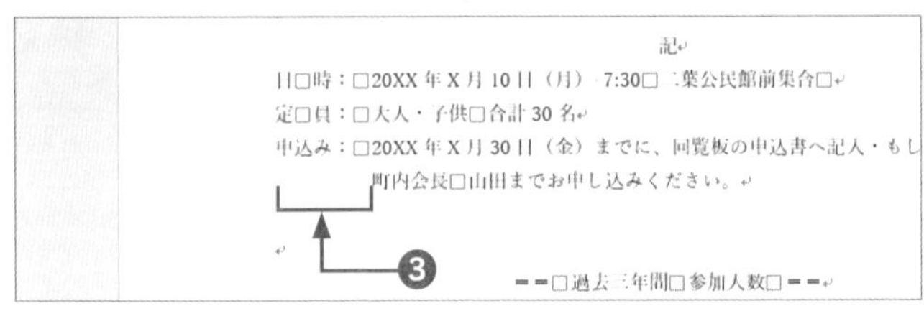

完成例ファイル 学習7-4（完成）

7-5

学習時間の目安 15 min　学習日・理解度チェック

月	日	□
月	日	□
月	日	□

文書に写真を挿入しよう

Wordには、文書内に写真などの「画像」を挿入する機能があります。文書内に写真を配置することで、表現の幅を広げることができます。

ここでの学習ステップ

パソコンでは、写真やイラストなどをまとめて「画像」といいます。Wordで、文書内に画像を挿入する方法を学習しましょう。また、挿入した画像は、サイズや位置の変更ができ、文書中の最適な場所に配置することができます。

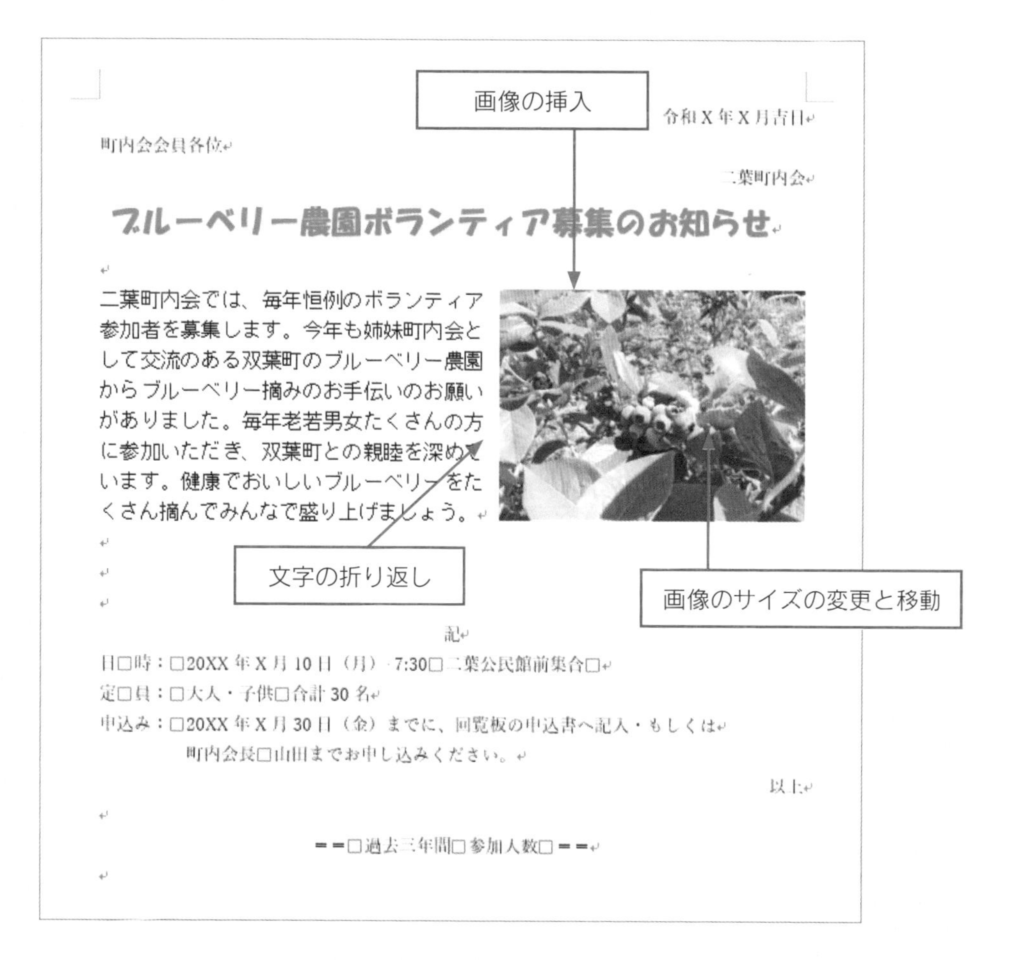

令和X年X月吉日

町内会会員各位

二葉町内会

ブルーベリー農園ボランティア募集のお知らせ

二葉町内会では、毎年恒例のボランティア参加者を募集します。今年も姉妹町内会として交流のある双葉町のブルーベリー農園からブルーベリー摘みのお手伝いのお願いがありました。毎年老若男女たくさんの方に参加いただき、双葉町との親睦を深めています。健康でおいしいブルーベリーをたくさん摘んでみんなで盛り上げましょう。

記

日□時：□20XX年X月10日（月）7:30□二葉公民館前集合□

定□員：□大人・子供□合計30名

申込み：□20XX年X月30日（金）までに、回覧板の申込書へ記入・もしくは
町内会長□山田までお申し込みください。

以上

＝＝□過去三年間□参加人数□＝＝

画像の挿入

Wordで画像を挿入します。パソコンに保存してある写真などの画像は、[図の挿入] ダイアログボックスを利用して選択することができます。

やってみよう―画像を挿入する

学習ファイル 学習7-5、ブルーベリー（学習用）

「PCテキスト」フォルダー内の写真「ブルーベリー（学習用）」をWord文書に挿入しましょう。

1 画像を挿入します。

❶クリックして「二葉町内会…」の左にカーソルを移動する
❷[挿入] タブをクリックする
❸[図] グループの [画像] ボタンをクリックする

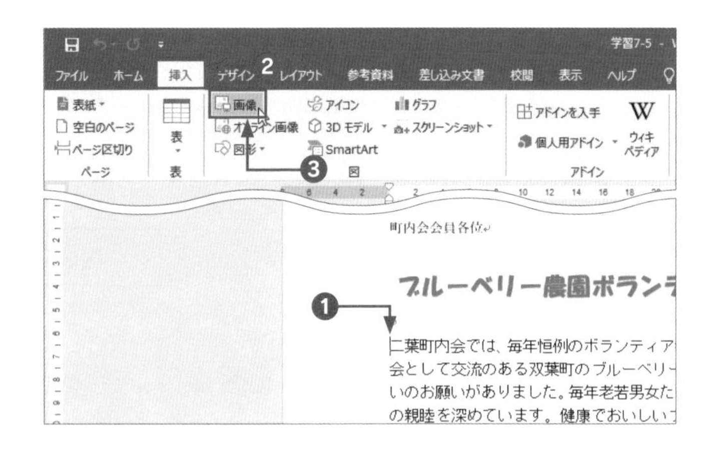

2 OneDriveに移動します。

❶[図の挿入] ダイアログボックスが表示される
❷[ドキュメント] をクリックする
❸「PCテキスト」フォルダーをダブルクリックする
❹画像ファイル「ブルーベリー（学習用）」をクリックする
❺[挿入] ボタンをクリックする

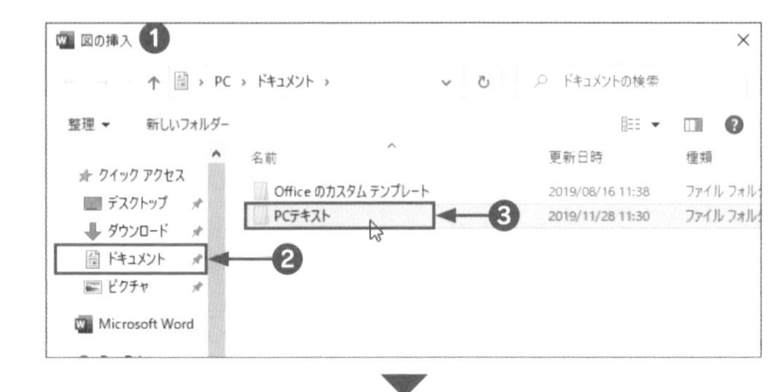

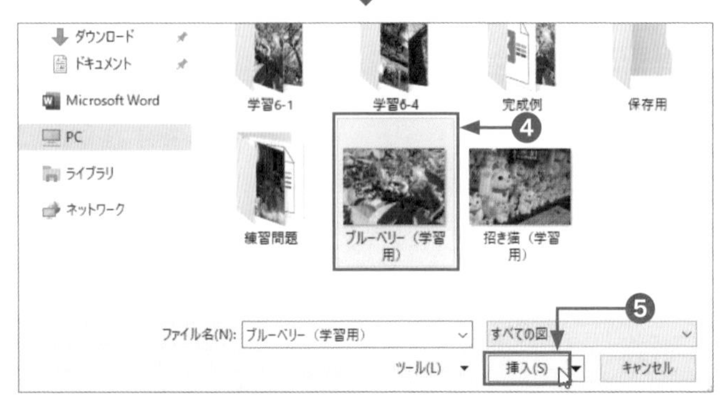

3 画像が挿入されます。

❶カーソルの位置に画像が挿入される

やってみよう―画像のサイズを変更する

画像のサイズを変更しましょう。

1 画像のサイズを変更します。

❶画像をクリックする

❷画像の上下左右など8箇所に○がつき、選択状態となる

知っておくと便利！

▶ハンドル

画像の上下左右の8箇所についている○を「ハンドル」といいます。ハンドルをポイントするとマウスポインターが⟷に変わり、ドラッグすると画像のサイズを自由に変更できます。

2 画像のサイズを変更します。

❶[図ツール]の[書式]タブをクリックする

❷[サイズ]グループの[図形の幅]ボックスに「65」と入力し、Enter キーを押す

❸画像の高さと幅が変更される

ここがポイント！

▶[図ツール]の[書式]タブ

画像をクリックすると[図ツール]の「書式」タブが表示されます。図にさまざまな設定するときに使用するタブです。

[書式]タブが表示されていないときは、画像が選択されていないと考えられます。画像をクリックして選択状態にしましょう。

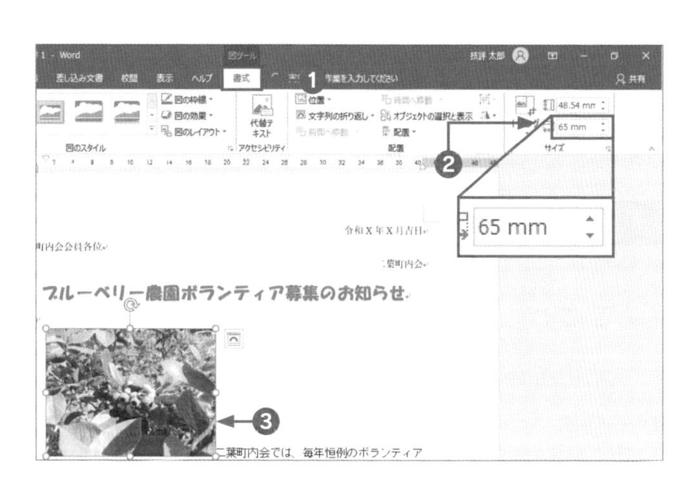

画像の位置の変更

挿入された写真は、そのままの状態では自由な位置に移動させることができません。文字列の折り返し設定を変更すると、移動できるようになります。

やってみよう—文字列の折り返しを変更する

写真のまわりの文字列の折り返しを「四角形」に変更し、本文の右側に配置しましょう。

1 文字の折り返しを［四角形］に設定します。

❶画像をクリックする
❷［図ツール］の［書式］タブをクリックする
❸［配置］グループの［文字列の折り返し］ボタンをクリックする
❹［四角形］をクリックする

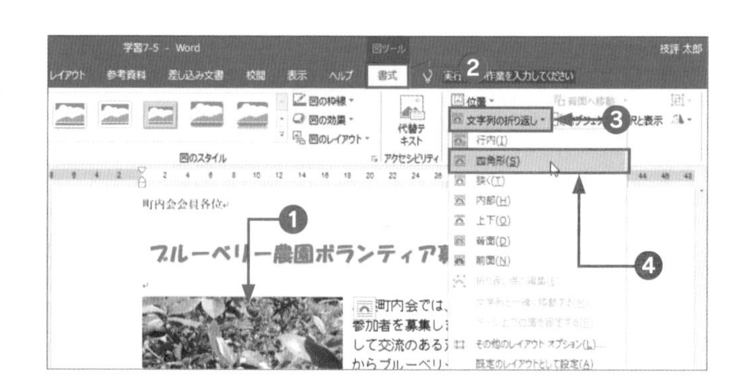

2 文字列の折り返しが変更されます。

❶文字が画像の右に回り込んで配置される

3 画像を移動します。

❶画像の枠線または内側をポイントし、マウスポインターが✥になったことを確認する
❷右側にドラッグする
❸画像が右端に配置される

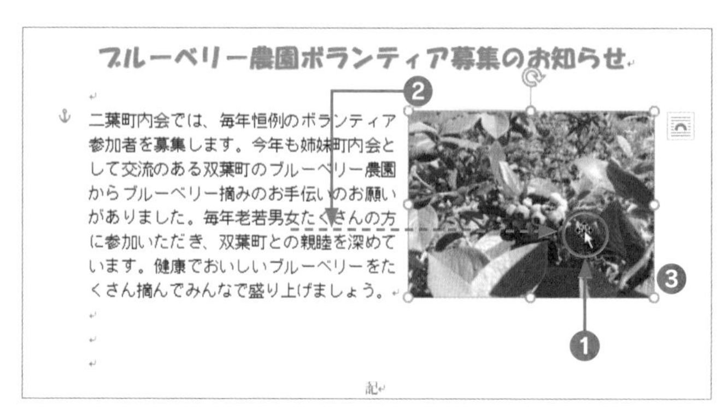

学習7-5（完成）

7-6

学習時間の目安 30 min　学習日・理解度チェック

月　日　□
月　日　□
月　日　□

Excel（エクセル）で表を作成しよう

Excelは「表計算アプリ」の代表的な存在です。データや数値を整理・集計したいとき、さまざまな計算結果を求めたいときなど、幅広い場面で使用されます。

ここでの学習ステップ

Wordでの作業を一時中断し、Excelで表の作成作業を行います。まずはExcelを起動して、文字や数値の入力方法、セルの見方など、基本的なことを学習しましょう。

ボランティア	過去三年間	参加人数
	大人	子供	合計
2016年	7	10	
2017年	9	10	
2018年	12	14	
合計（人）			

文字の入力

数値の入力

Excelの画面構成

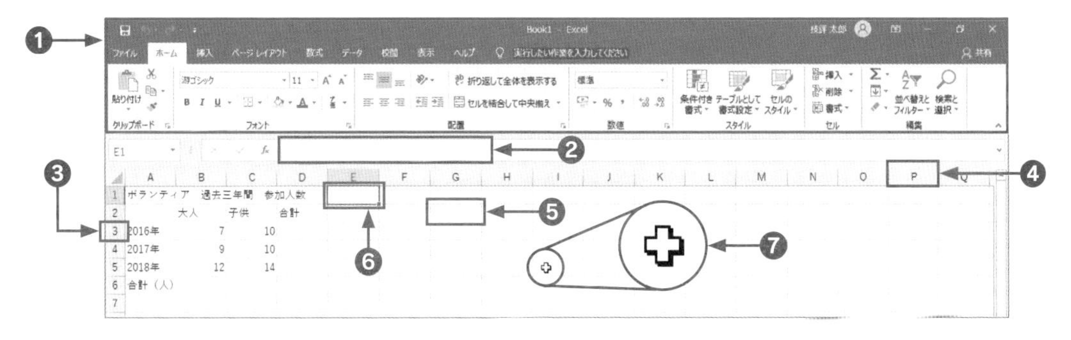

❶ リボン…操作を実行するためのボタンが、リボンとしてまとめて配置されています。タブをクリックするとリボンが切り替わります。

❷ 数式バー…入力した関数の数式が表示されます。

❸ 行番号

❹ 列番号

❺ セル…格子で区切られたマス目のひとつひとつを「セル」と呼びます。各セルには番地が付いています。A列1行目のセルの番地は「A1」となります。

❻ アクティブセル…現在選択されているセルは緑の枠で囲まれて表示されます。「アクティブセル」といいます。

❼ マウスポインター…Excelでは通常時のマウスポインターが✚で表示されます。

文字の入力

参加者の集計表を作成しながら、表に文字や数値を入力する方法をマスターしましょう。表のタイトルや項目名、数値のデータは、一つずつセルに入力します。また、入力したいセルの範囲を選択しておくと、選択されたセルの中で入力箇所が順番に移動していき、入力がスムーズになります。

やってみよう―セルに文字を入力する

Excelを起動し、文字や数値を入力しましょう。

1 Excelを起動します。

❶［スタート］ボタンをクリックしてメニューにアプリの一覧を表示する
❷「E」の一覧にある「Excel」をクリックする
❸Excelが起動する
❹「空白のブック」をクリックする

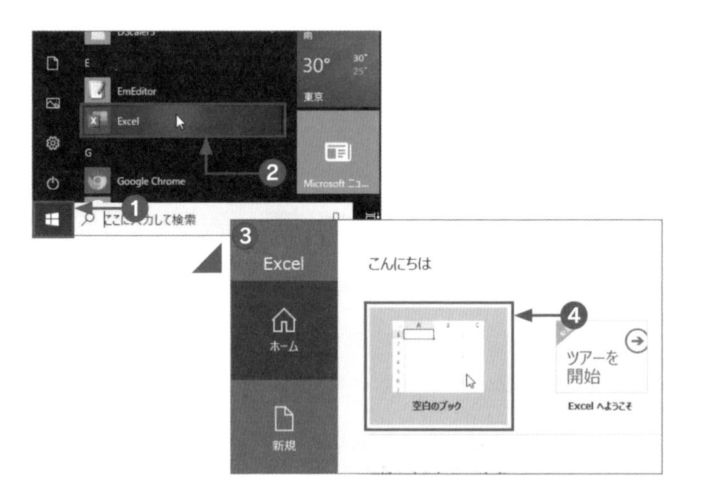

2 タイトルの文字を入力します。

❶セルA1が「アクティブセル」であることを確認する
❷「ボランティア　過去三年間　参加人数」と入力する
❸ Enter キーを押す
❹次の行に緑の枠が移動する

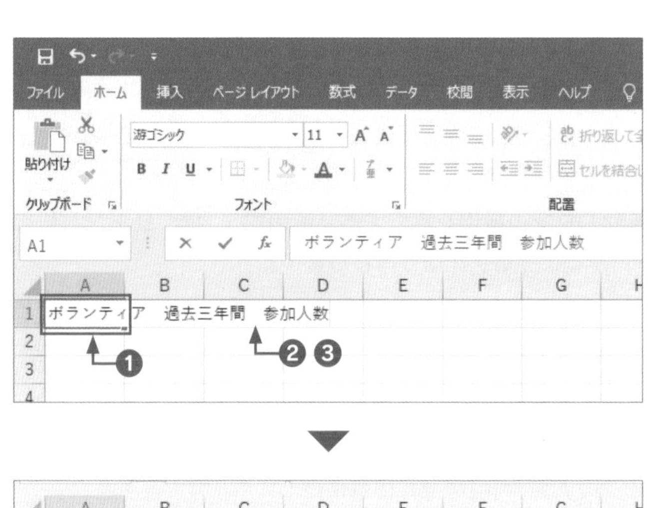

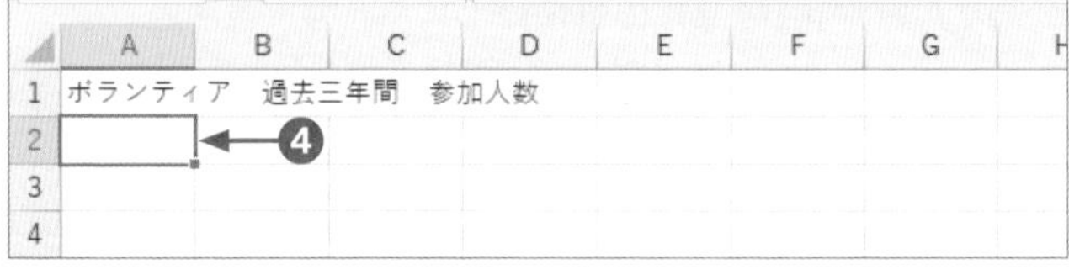

3 A列の文字を入力します。

❶セルA3をクリックし「2016年」と入力して確定する
❷ Enter キーを押して下のセルへ移動する
❸セルA4に「2017年」と入力して確定する
❹ Enter キーを押して下のセルへ移動する
❺同様に、セルA5に「2018年」と入力して確定し、Enter キーを押して下のセルへ移動する
❻セルA6に「合計（人）」と入力して確定する

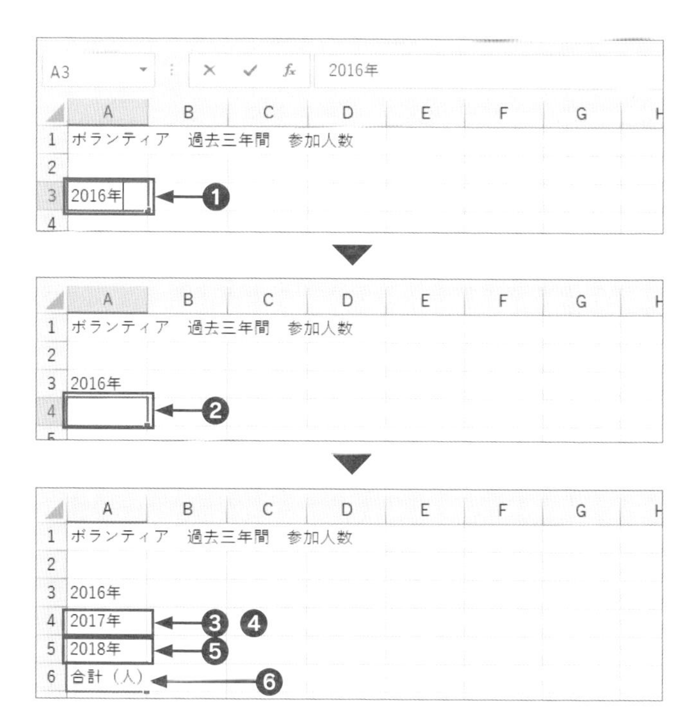

4 2行目の文字を入力します。

❶セルB2をクリックし「大人」と入力して確定する
❷ Tab キーを押す
❸アクティブセルが隣のセルC1に移動する
❹セルC1をクリックし「子供」と入力して確定する
❺ Tab キーを押してセルD1に移動する
❻セルD1に「合計」と入力して確定する

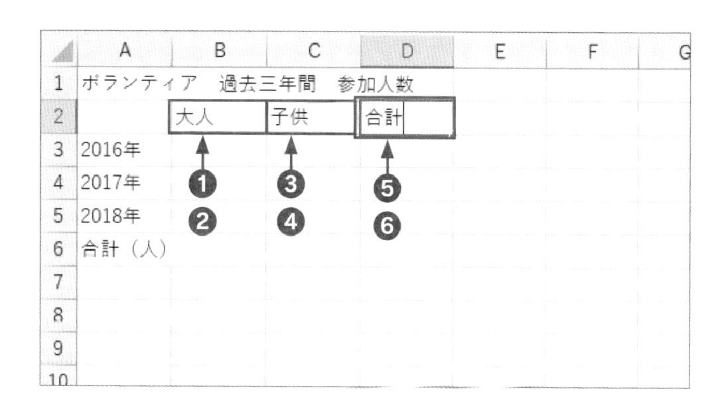

知っておくと便利！
セルの移動

アクティブセルはクリックすることで任意のセルへ移動することができますが、入力中は、Enter キーを押すと下のセルへ、Tab キーを押すと右隣のセルへ移動することができます。

知っておくと便利！
セルに入力した文字の部分修正

確定後（別のセルに移動後）にセルに入力した内容を修正したいときは、修正したいセルをダブルクリックし、セル内にカーソルを表示してから、修正します。

やってみよう—Excelに数値をまとめて入力する

日本語入力モードをオフにして数値を入力しましょう。その際、あらかじめ入力するセルの範囲を選択しておき、数値を連続して入力しましょう。

1 数値を入力するセルの範囲を選択します。

❶始点のセルB3の中でポイントし、マウスポインターの形が✚であることを確認する

❷終点のセルC5までドラッグする

❸セルB3～C5までが緑の枠で囲まれ、グレーになる

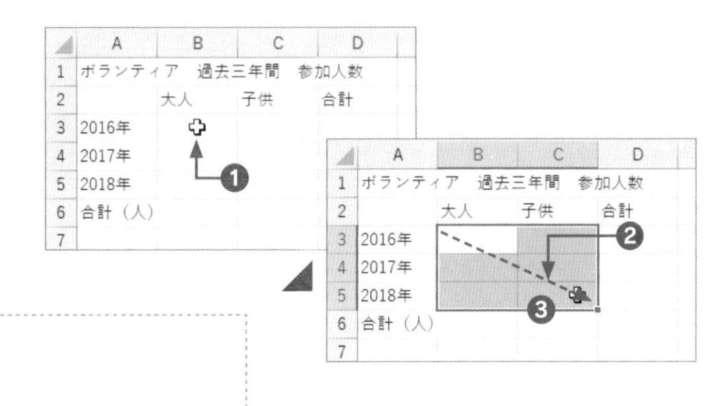

特定のセルから別のセルへマウスをドラッグすると、複数セルを選択することができます。離れた場所のセルを同時に選択する場合は、まず最初の範囲を選択したあと、Ctrl キーを押しながら次の範囲を選択します。

2 数値を入力します。

❶日本語入力モードをオフにする

❷Aになっていることを確認する

❸「7」と入力して Enter キーを押す

❹「9」と入力して Enter キーを押す

❺「12」と入力して Enter キーを押す

❻「10」と入力して Enter キーを押す

❼「10」と入力して Enter キーを押す

❽「14」と入力して Enter キーを押す

完成例ファイル 学習7-6（完成）

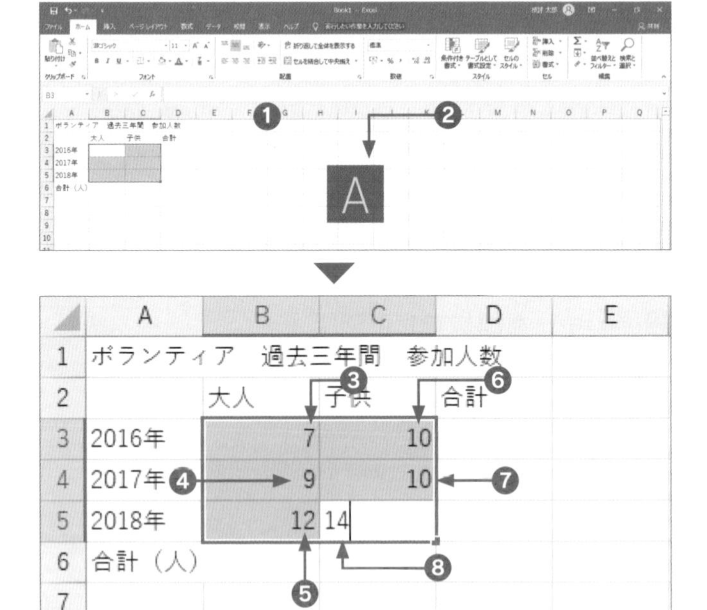

7-7

学習時間の目安 20 min　学習日・理解度チェック

月　日　□
月　日　□
月　日　□

数式を入力しよう

Excelの「関数」機能を使用すると、入力した数値に対してさまざまな計算を行うことができます。慣れると複雑な計算式も簡単に設定できるようになり、大変便利な機能です。

ここでの学習ステップ

Excelが得意とする機能の一つに計算があります。「関数」と呼ばれるさまざまな計算処理を行う機能で、500近くの種類が用意されています。
ここでは、数値の単純な合計を求める「SUM関数」を使って、合計を表示させます。また、「オートフィル機能」を使って数式をコピーする方法も学習します。

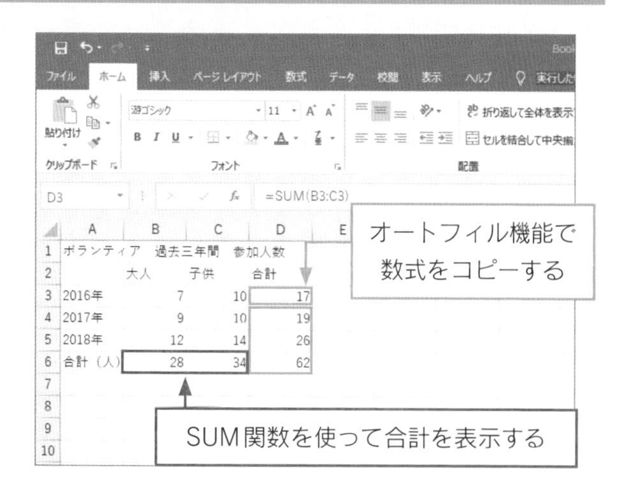

関数の書式

セルに、関数ごとに定められた書式にしたがって数式を入力すると、即座に計算が実行されて、そのセルには結果の数値が表示されます。以下は、「SUM関数」の書式です。

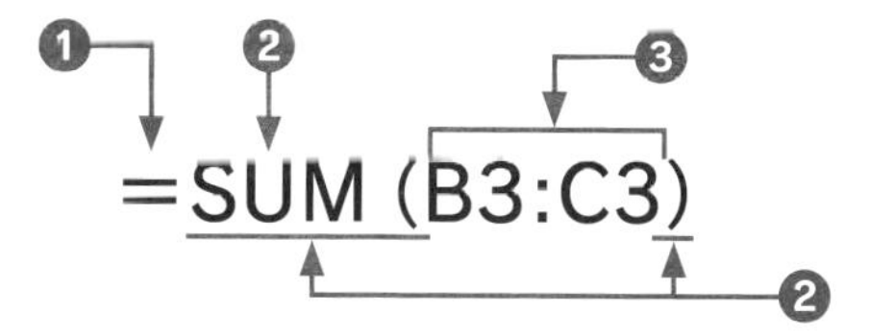

❶関数を入力するときには、先頭に必ず半角の「=」を入力します。

❷関数ごとに決められた記号です。SUM関数を使うときには「SUM()」と半角で入力します。

❸計算の対象とするセルの範囲を、「:」で区切って表します。これらもすべて半角で入力します。この数式では「セルB3 ~ C3の数値を合計する」という内容になります。

合計の計算

関数はセルに直接入力することもできますが、「SUM関数」の場合、簡単に利用できるよう、[ホーム] タブと [数式] タブの両方にボタンが配置されています。SUM関数を利用するには、まず合計を表示するセルを選択しておきます。その状態で Σ [合計] ボタンをクリックすると、合計を求める数式が自動的に入力されます。このとき自動的に、隣接するセルが計算の対象範囲として認識されます。

やってみよう—合計を計算する

学習ファイル 学習7-7

Excelの計算機能を使って合計を表示させましょう。

1 合計を表示させたいセルを選択します。

❶ セルB6をクリックする
❷ セルB6がアクティブセルになる

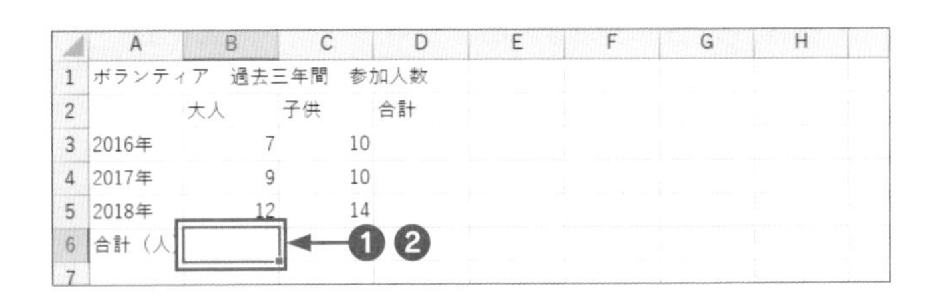

2 SUM関数を挿入します。

❶ [ホーム] タブの [編集] グループの Σ [合計] ボタンをクリックする
❷ セルB6に、セルB3 ～ B5を合計するSUM関数の数式が自動で入力される
❸ 数式バーに、入力された数式が表示される
❹ Enter キーを押す

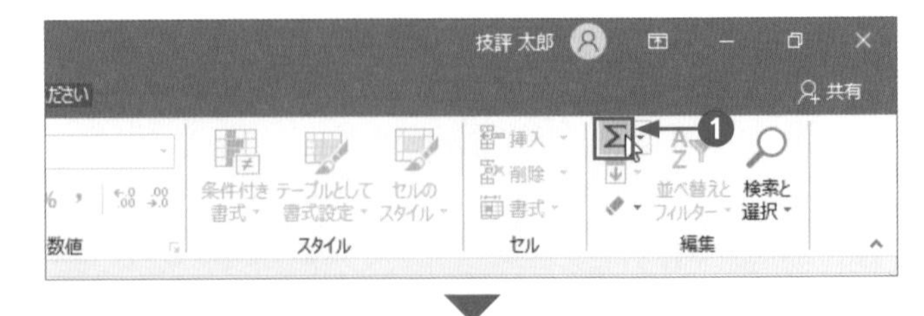

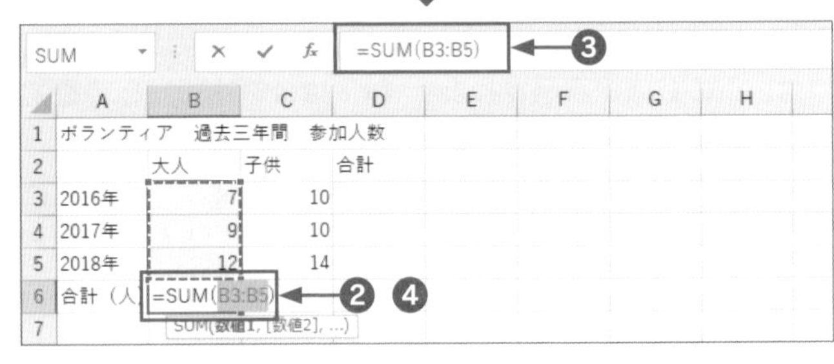

3 合計が表示されます。

❶ 計算結果が表示される
❷ 同様にして、セルC6にSUM関数の数式を入力する

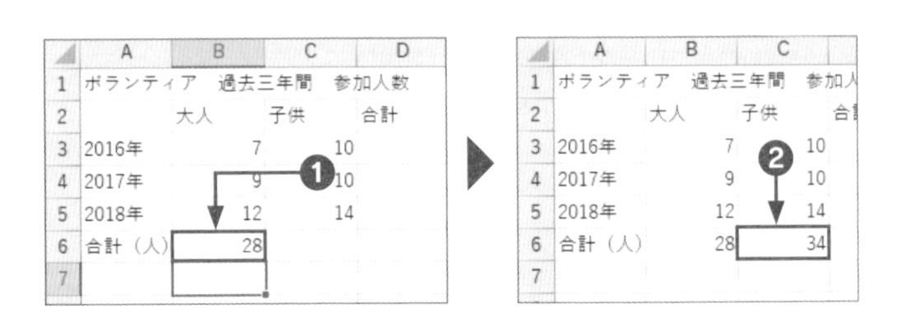

数式のコピー

数式もコピー・貼り付けの操作で複製することができます。このとき、Excelにはドラッグ操作で隣接するセルにデータを複製する「オートフィル機能」があるので、利用すると便利です。

やってみよう―オートフィル機能を使用して数式をコピーする

SUM関数を利用して2016年の合計を求めましょう。さらに、オートフィル機能を使用して、その数式をセルD4～D6にコピーしましょう。

1 コピー元に合計を表示します。

❶セルD3をクリックする
❷［ホーム］タブの［編集］グループのΣ［合計］ボタンをクリックする
❸ Enter キーを押す
❹合計が表示される

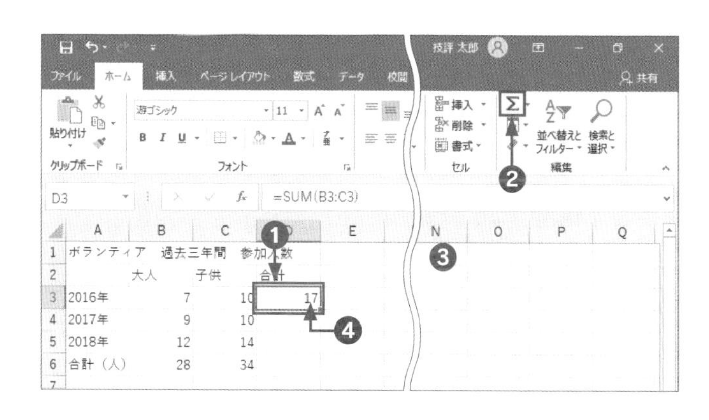

2 数式をコピーします。

❶セルD3をクリックする
❷セルの右下すみをポイントし、マウスポインターの形が+になったことを確認する
❸セルD6までドラッグする
❹セルD6まで自動的にSUM関数の数式が入力され、合計が表示される

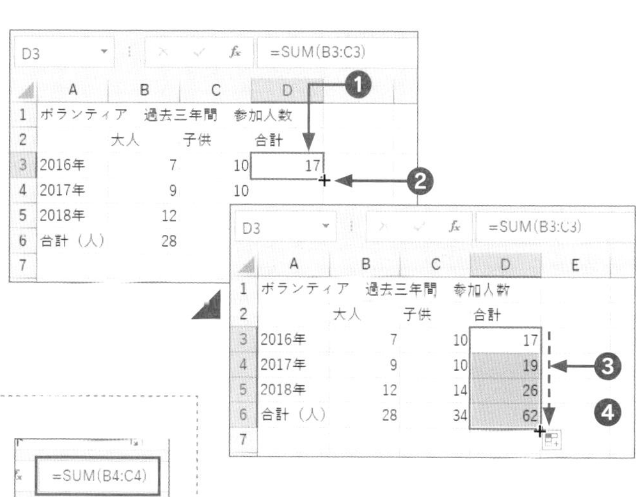

知っておくと便利！
▶オートフィル機能

オートフィルでコピーしたセルD4をクリックして、数式バーで数式を確認してみましょう。「=SUM(B4:C4)」となっています。
Excelのオートフィル機能を利用すると、数式はそのままコピーされるのではなく、ひとつ下の行の合計に修正されます。オートフィル機能では、Excelが自動的に対象の計算範囲を判断して、複製していきます。

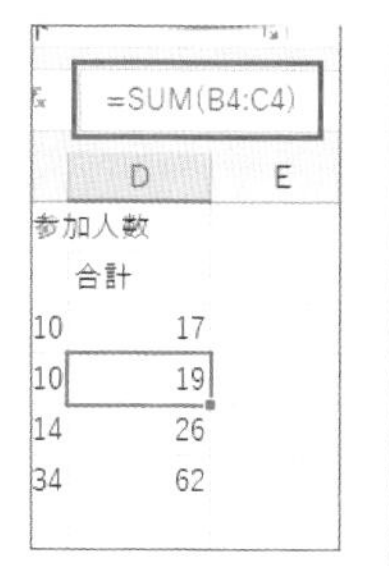

完成例ファイル 学習7-7（完成）

7-8

学習時間の目安 15 min 学習日・理解度チェック

月　日　□
月　日　□
月　日　□

表を装飾しよう

Excelでは、表を見やすくするために、セルの区切りに線を引いたり、セルのなかを色で塗りつぶしたりすることができます。

ここでの学習ステップ

通常、Excelの画面では、セルの区切りに一律にグレーの線が表示されています。このグレーの線は印刷されません。入力したデータの境界に線を引いて区別したいときには、「罫線」を引きます。表が見やすくなり、印刷にも反映されます。
ここでは、セルの区切りに罫線を引く方法と、セルに塗りつぶしを設定する方法を学習しましょう。

ボランティア　過去三年間　参加人数

	大人	子供	合計
2016年	7	10	17
2017年	9	10	19
2018年	12	14	26
合計（人）	28	34	62

罫線を引く

セルに塗りつぶしの色を設定

表の装飾

表に罫線を引いたり、セルの色を塗りつぶしたりするには［ホーム］タブの［フォント］グループにあるボタンで設定できます。罫線は［罫線］ボタンから、塗りつぶしは［塗りつぶし］ボタンから設定します。

やってみよう ― 罫線を引く

学習ファイル 学習7-8

セルA2～D6に、「格子」の罫線を設定しましょう。

1 罫線を引きたいセル全体を範囲選択します。

❶セルA2～D6をドラッグする
❷セルA2～D6が選択される

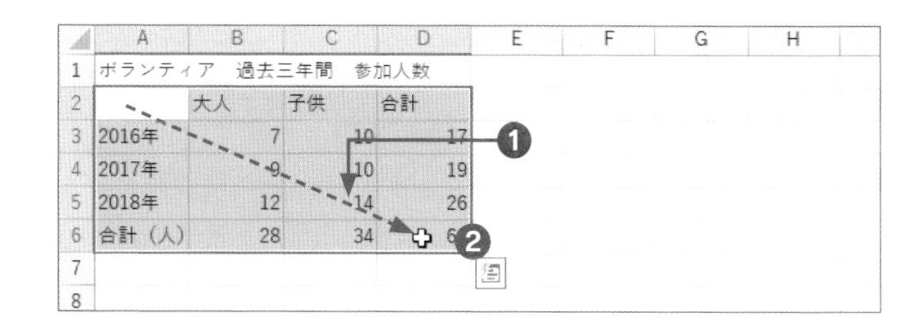

2 罫線を引きます。

❶［ホーム］タブの［フォント］グループの［罫線］ボタンの▼をクリックする
❷罫線の一覧が表示される
❸［格子］をクリックする
❹任意のセルをクリックして、範囲選択を解除する
❺表に格子の線が引かれたことを確認する

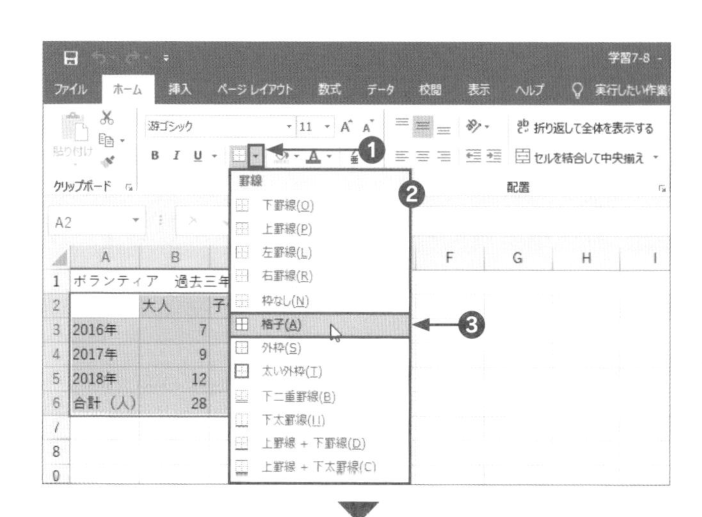

	A	B	C	D
1	ボランティア　過去三年間　参加人数			
2		大人	子供	合計
3	2016年	7	10	17
4	2017年	9	10	19
5	2018年	12	14	26
6	合計（人）	28	34	62

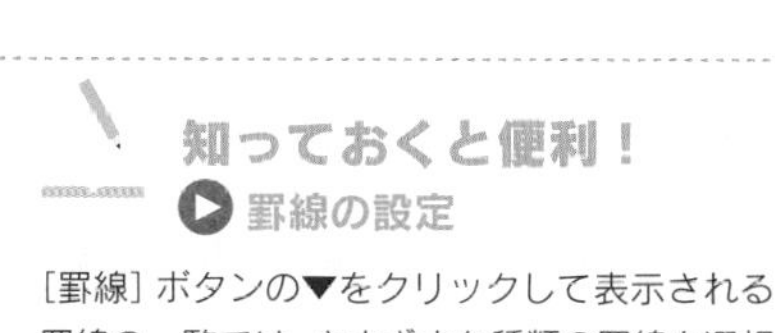

知っておくと便利！
▶罫線の設定

［罫線］ボタンの▼をクリックして表示される罫線の一覧では、さまざまな種類の罫線を選択することができます。一覧の中に引きたい罫線のパターンがないときは、［その他の罫線］をクリックすると、詳細を設定するダイアログボックスを表示することができます。

やってみよう―セルの塗りつぶしを設定する

セルA2 ~ D2を[青、アクセント1、白+基本色80%]の色で、セルA3 ~ A6を[ブルーグレー、テキスト2、白+基本色60%]の色で塗りつぶしましょう。

1 セルに塗りつぶしを設定します。

❶セルA2 ~ D2を選択する
❷[ホーム]タブの[フォント]グループの[塗りつぶしの色]ボタンの▼をクリックする
❸カラーパレットが表示される
❹[青、アクセント1、白+基本色80%]をクリックする
❺セルA2 ~ D2が塗りつぶされる

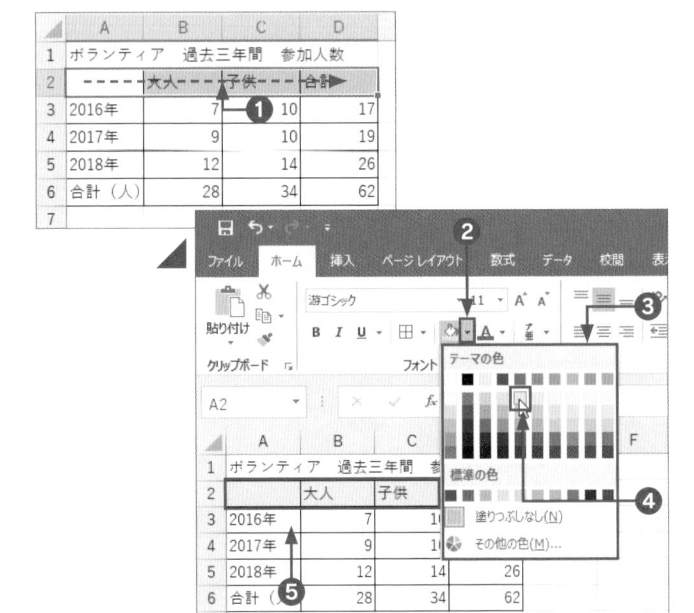

2 セルに別の色の塗りつぶしを設定します。

❶セルA3 ~ A6を選択する
❷[ホーム]タブの[フォント]グループの[塗りつぶしの色]ボタンの▼をクリックする
❸[ブルーグレー、テキスト2、白+基本色60%]をクリックする
❹セルA3 ~ A6が塗りつぶされる

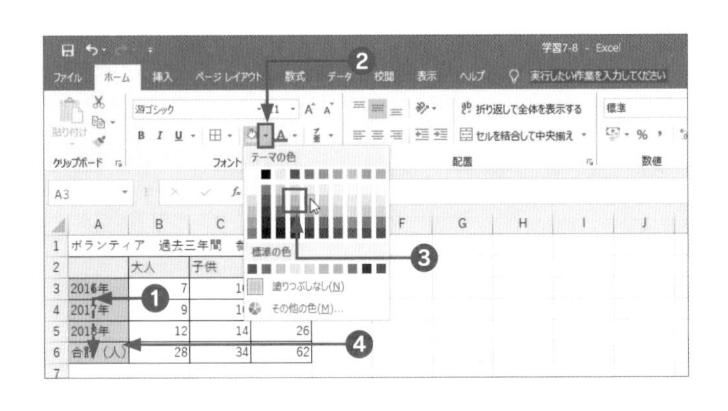

完成例ファイル 学習7-8(完成)

知っておくと便利!

▶罫線ボタン・塗りつぶしの色のボタン

[罫線]ボタンや[塗りつぶしの色]ボタンのアイコンは、直前にクリックされた種類に変わります。今回は、[罫線]ボタンは[格子]、[塗りつぶしの色]ボタンは[ブルーグレー、テキスト2、白+基本色60%]のアイコンに変わります。ほかの種類を選択したいときには、再び▼をクリックします。

7-9

学習時間の目安 10 min

学習日・理解度チェック

月　日　□
月　日　□
月　日　□

Word文書にExcelの表を挿入しよう

ExcelやWordは、相互にデータを共有することができます。たとえば、Excelで作成した表を、Wordに貼り付けて利用することができます。

ここでの学習ステップ

ここでは、再びWordを利用します。Excelで作成した表を、Wordに図として貼り付ける方法を学習しましょう。

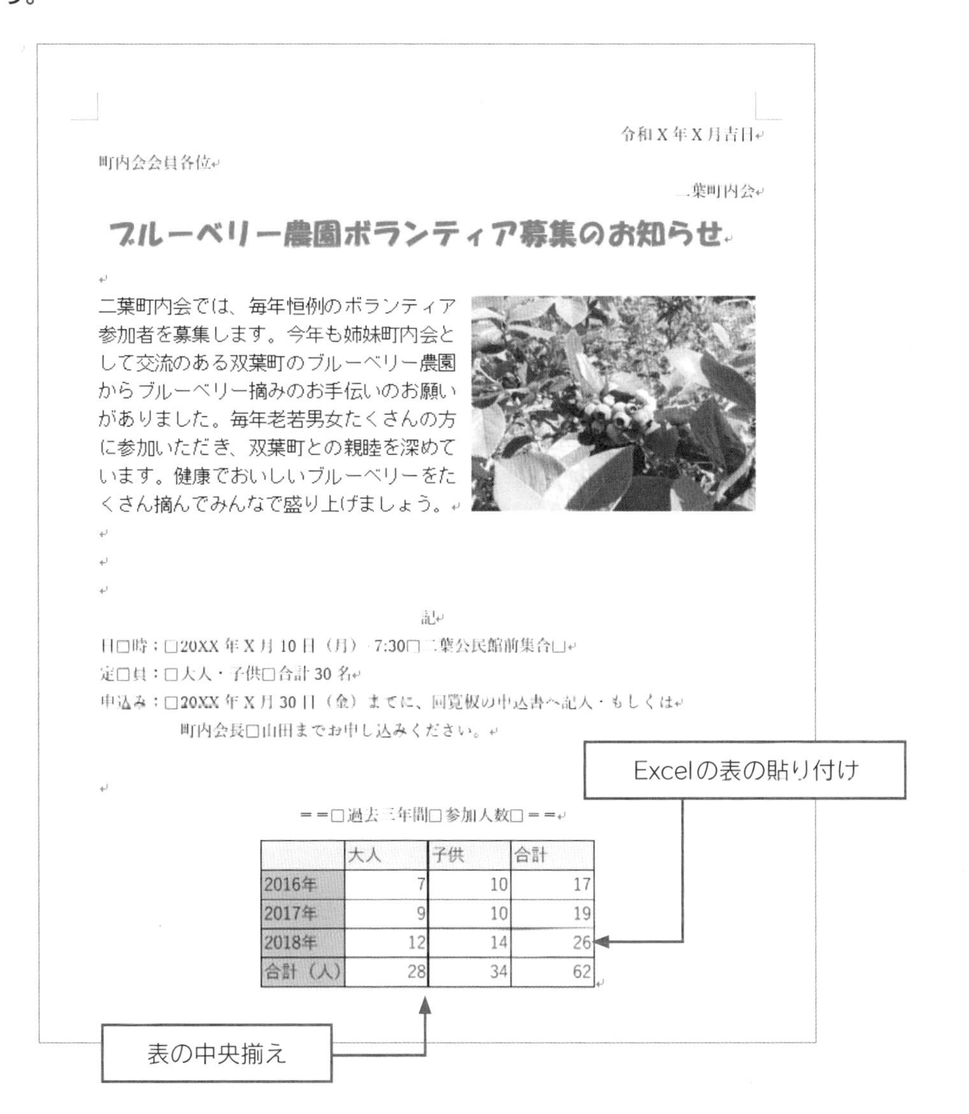

令和X年X月吉日

町内会会員各位

二葉町内会

ブルーベリー農園ボランティア募集のお知らせ

二葉町内会では、毎年恒例のボランティア参加者を募集します。今年も姉妹町内会として交流のある双葉町のブルーベリー農園からブルーベリー摘みのお手伝いのお願いがありました。毎年老若男女たくさんの方に参加いただき、双葉町との親睦を深めています。健康でおいしいブルーベリーをたくさん摘んでみんなで盛り上げましょう。

記

日□時：□20XX年X月10日（月）7:30□二葉公民館前集合□

定□員：□大人・子供□合計30名

申込み：□20XX年X月30日（金）までに、回覧板の申込書へ記入・もしくは町内会長□山田までお申し込みください。

＝＝□過去三年間□参加人数□＝＝

	大人	子供	合計
2016年	7	10	17
2017年	9	10	19
2018年	12	14	26
合計（人）	28	34	62

Word に Excel の表を貼り付け

Word に Excel の表を貼り付けるには、まず Excel の表をコピーします。その後で Word を起動し、貼り付け操作を行います。

やってみよう—Word に Excel の表を貼り付ける

学習ファイル 学習7-9

Excelで作成した表をコピーして、Word文書に貼り付けましょう。さらに、表を中央揃えに配置しましょう。

1 Excelの表をコピーします。

❶セルA2～D6をドラッグして選択する

❷［ホーム］タブの［クリップボード］グループの［コピー］ボタンをクリックする

❸選択した範囲の枠線が点線になる

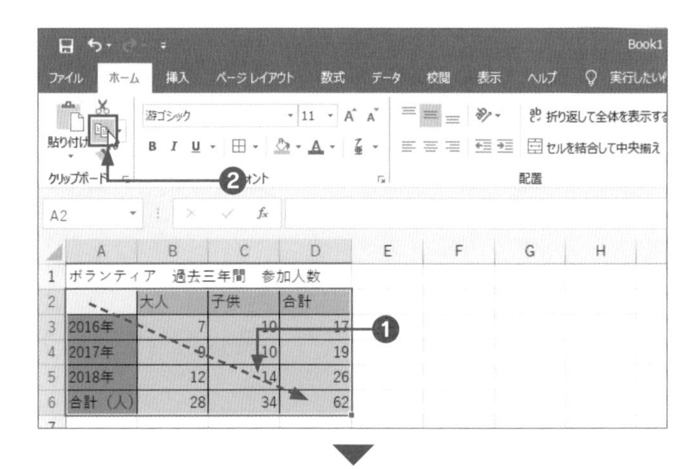

2 Word に Excel の表を貼り付けます。

❶Wordのファイルを開く

❷貼り付ける部分をクリックしてカーソルを表示する

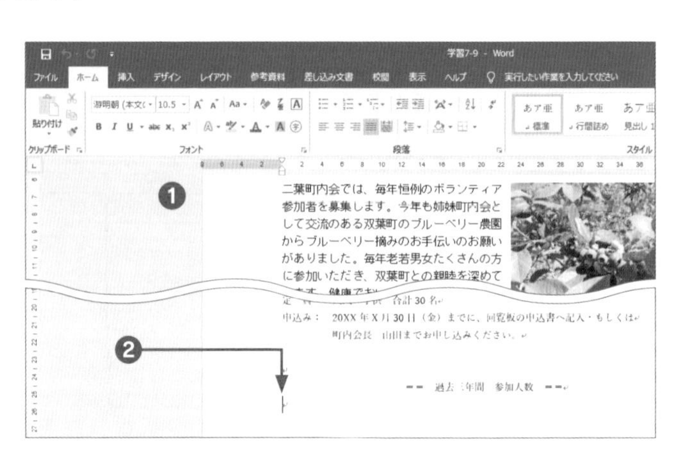

3 WordにExcelの表を貼り付けます。

❶ [ホーム] タブの [クリップボード] グループの [貼り付け] ボタンの▼をクリックする

❷ [図] をクリックする

❸ 表が貼り付けられる

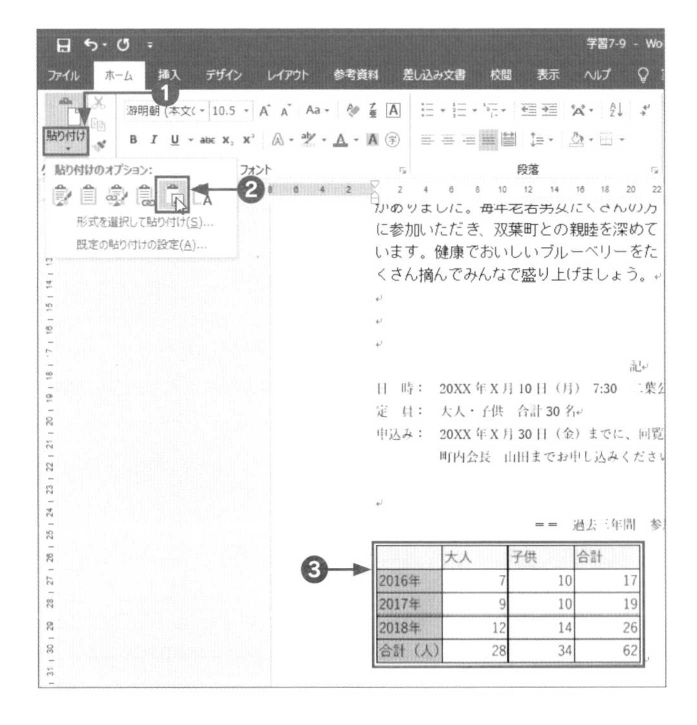

	大人	子供	合計
2016年	7	10	17
2017年	9	10	19
2018年	12	14	26
合計（人）	28	34	62

3 表を中央揃えします。

❶ [ホーム] タブの [段落] グループの [中央揃え] ボタンをクリックする

❷ 表が中央揃えになる

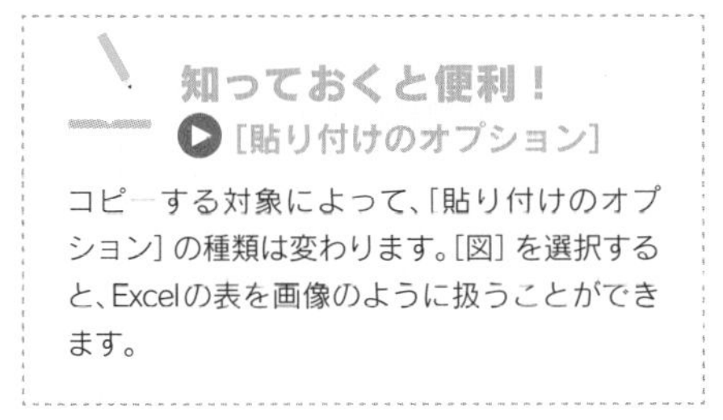

知っておくと便利！

[貼り付けのオプション]

コピーする対象によって、[貼り付けのオプション] の種類は変わります。[図] を選択すると、Excelの表を画像のように扱うことができます。

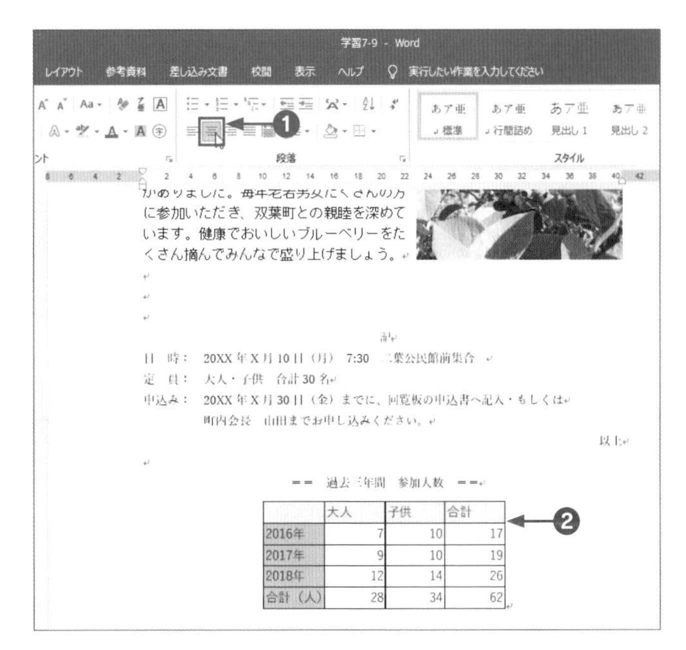

	大人	子供	合計
2016年	7	10	17
2017年	9	10	19
2018年	12	14	26
合計（人）	28	34	62

完成例ファイル 学習7-9（完成）

7-10

学習時間の目安  min　学習日・理解度チェック

月　日　□
月　日　□
月　日　□

文書を印刷しよう

Excelの表を入れて完成したWord文書を印刷しましょう。Wordで、文書の印刷イメージを事前に確認することができます。

ここでの学習ステップ

Wordの印刷画面では、印刷部数や印刷するページの設定ができるほか、文書の紙のサイズや余白なども設定できます。

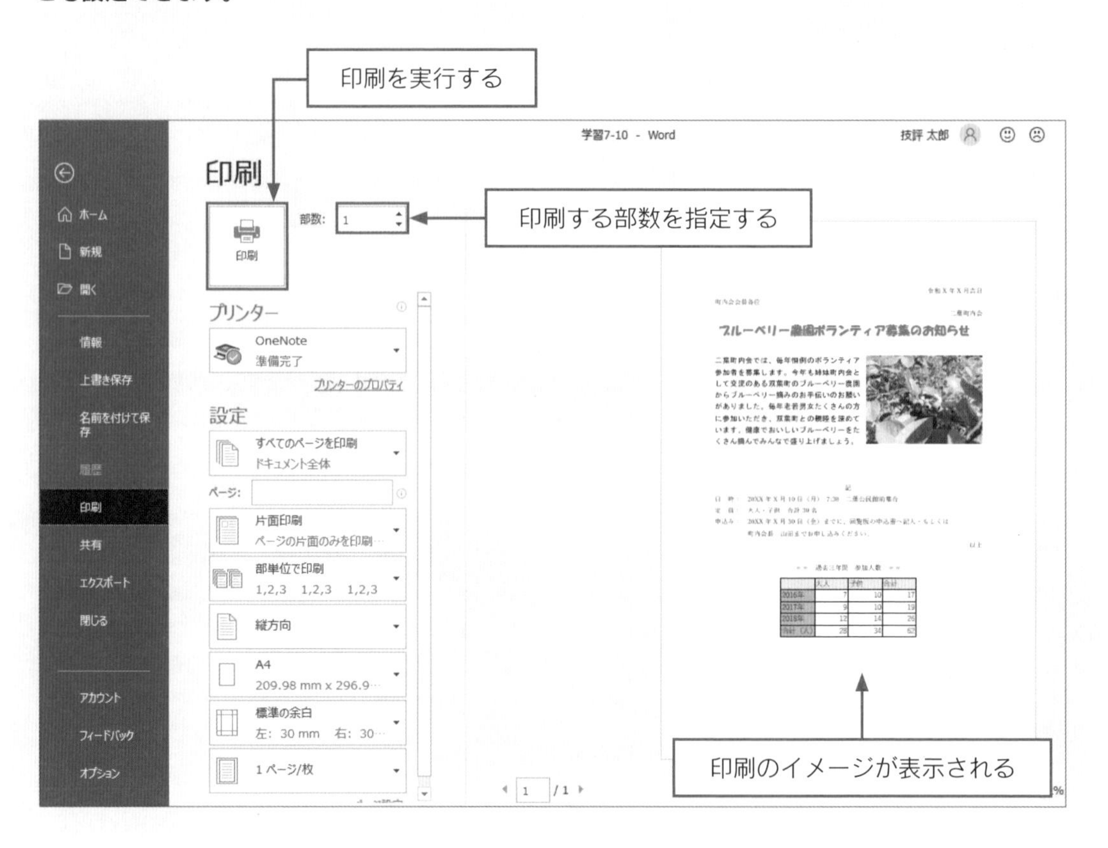

印刷プレビューと印刷

印刷の機能を利用するには、[ファイル] タブから [印刷] をクリックします。印刷に使用するプリンターや部数を設定することができます。

やってみよう―印刷プレビューを表示して印刷する　学習ファイル 学習7-10

印刷プレビュー画面を表示し、事前に印刷される文書を確認しながら印刷設定をしましょう。

1 印刷プレビューを表示します。

❶ [ファイル] タブをクリックする

2 プリンターを選択します。

❶ [印刷] をクリックする
❷ 印刷プレビュー画面が表示される
❸ 印刷プレビューに表示されている文書に間違いがないか確認する
❹ プリンターの▼をクリックする
❺ 印刷に使用するプリンターをクリックする

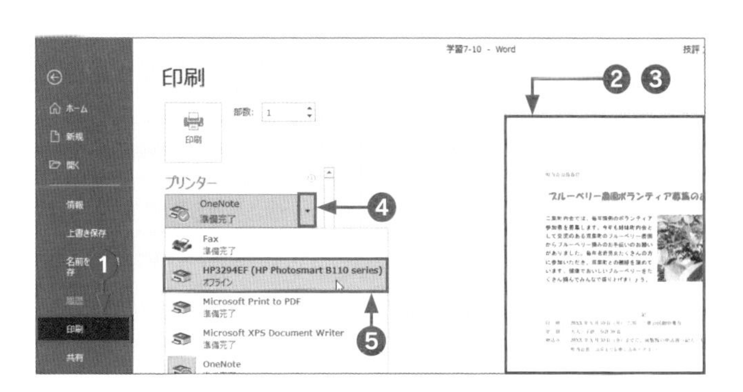

3 印刷設定を確認して、印刷します。

❶ 印刷部数を確認する
❷ [印刷] ボタンをクリックする
❸ 印刷が実行される

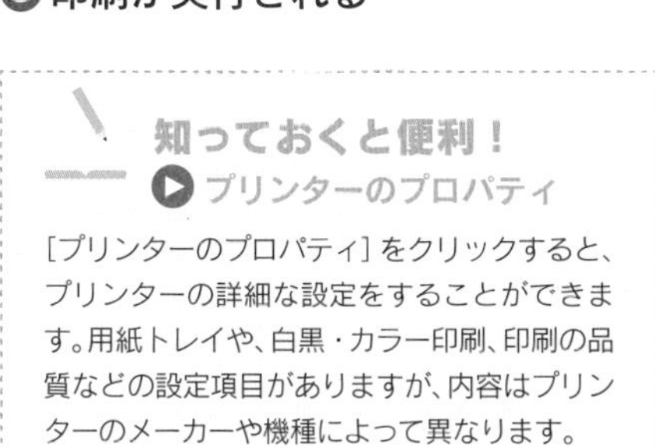

知っておくと便利！
▶ プリンターのプロパティ

[プリンターのプロパティ] をクリックすると、プリンターの詳細な設定をすることができます。用紙トレイや、白黒・カラー印刷、印刷の品質などの設定項目がありますが、内容はプリンターのメーカーや機種によって異なります。

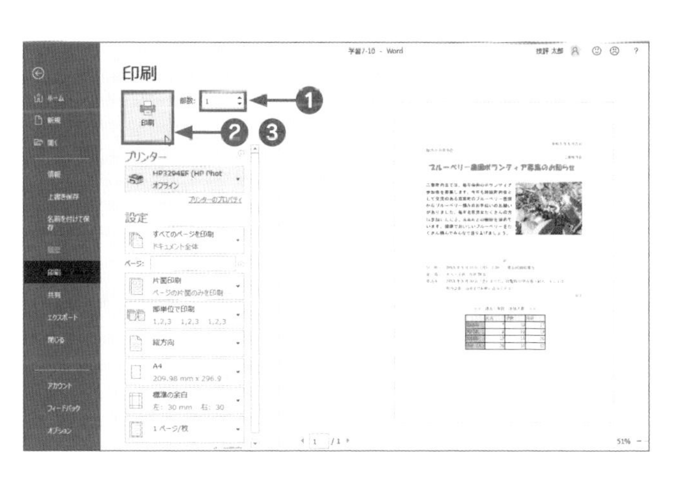

Chapter 7

学習日・理解度チェック

月	日	□
月	日	□
月	日	□

練習問題

練習7-1

「練習問題」フォルダーから「練習7-1」を開き、下記の設定をしましょう。

練習問題ファイル ▶ 練習7-1、練習7-1_台湾

❶ 1行目、3行目、4行目を右揃えにしましょう。また、「記」を中央揃え、「以上」を右揃えにしましょう。

❷ タイトルの「社員旅行のお知らせ」にワードアート「塗りつぶし（グラデーション）：ゴールド、アクセントカラー 4；輪郭：ゴールド、アクセントカラー 4」を設定し、フォントは「HGP創英プレゼンスEB」、文字列の折り返しを「上下」に設定しましょう。

❸ 図「練習7-1_台湾」を挿入して、サイズ　横幅65mm、文字の折り返し　四角形を設定し、右に配置しましょう。

❹ 「<オプションツアー>」のフォントサイズを14ポイントに設定し、中央揃えにしましょう。

❺ 「日中のバスツアー～下記のとおりです。」を中央揃えにしましょう。

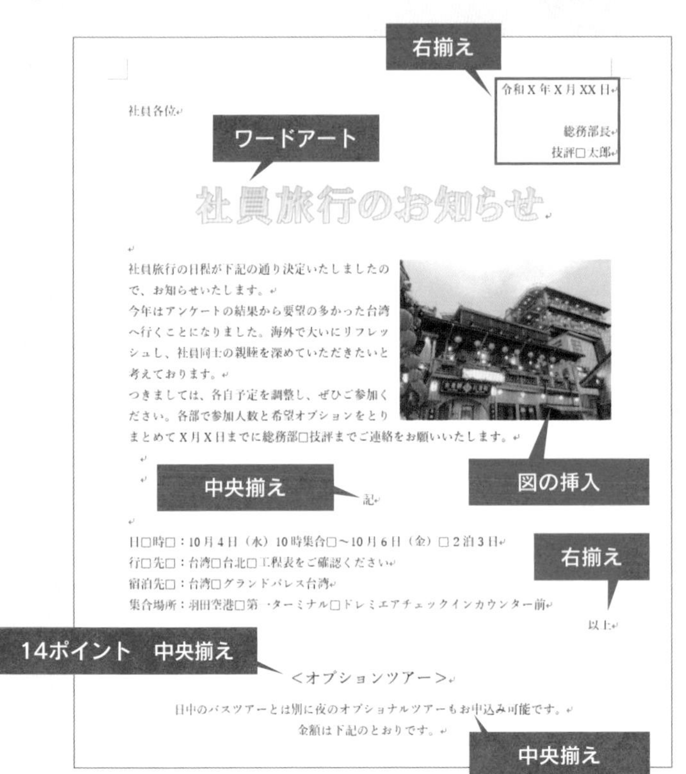
令和X年X月XX日

社員各位

総務部長

技評□太郎

社員旅行のお知らせ

社員旅行の日程が下記の通り決定いたしましたので、お知らせいたします。

今年はアンケートの結果から要望の多かった台湾へ行くことになりました。海外で大いにリフレッシュし、社員同士の親睦を深めていただきたいと考えております。

つきましては、各自予定を調整し、ぜひご参加ください。各部で参加人数と希望オプションをとりまとめてX月X日までに総務部□技評までご連絡をお願いいたします。

記

日□時□：10月4日（水）10時集合□～10月6日（金）□2泊3日

行□先□：台湾□台北□工程表をご確認ください

宿泊先□：台湾□グランドパレス台湾

集合場所：羽田空港□第一ターミナル□ドレミエアチェックインカウンター前

以上

<オプションツアー>

日中のバスツアーとは別に夜のオプショナルツアーもお申込み可能です。

金額は下記のとおりです。

ここがポイント！
▶ ワードアートの移動

ワードアートを中央に配置する場合は、ワードアートを移動します。文字列の折り返しの設定後、ワードアートの枠線をドラッグして中央に移動します。

ここがポイント！
▶ 画像の挿入

パソコンの中に保存されている画像をWordに挿入するときは、[挿入] タブの [図] グループの [画像] をクリックし、画像の場所を選択して挿入します。

完成例ファイル ▶ 練習7-1（完成）

練習7-2

Excelの空白のブックを作成して、次の表を完成させましょう。

❶ 下記のデータを入力しましょう。

❷ セルA2 ～ B5に「格子」の罫線を設定しましょう。

❸ セルA2 ～ B2に「オレンジ　アクセント2」の塗りつぶしを設定しましょう。

❹ セルB5は合計の関数を使って自動で計算させましょう。

	A	B	C	D
1	オプショナルツアー料金一覧			
2		料金（円）		
3	1日目	5960		
4	2日目	8800		
5	両日	14760		
6				

練習7-3

❶ 練習7-1で作成したWordの文書に練習7-2で作成したExcelのセルA2 ～ B5の表を図として貼り付けましょう。

❷ 貼り付けた表を中央揃えにしましょう。

❸ 印刷プレビュー画面を確認しましょう。

❹ 操作後は、「保存用」フォルダーに「台湾ツアー」というファイル名で保存し、文書を閉じましょう。

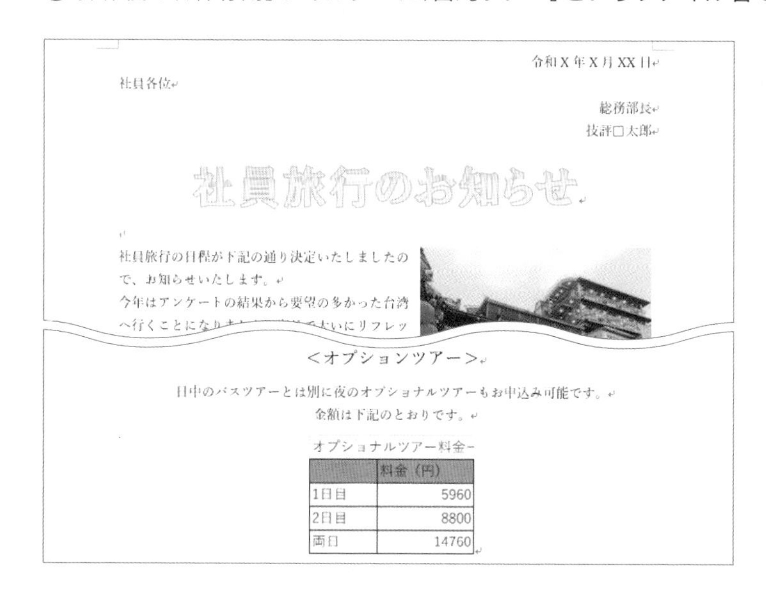

令和X年X月XX日

社員各位

総務部長
技評□太郎

社員旅行のお知らせ

社員旅行の日程が下記の通り決定いたしましたので、お知らせいたします。
今年はアンケートの結果から要望の多かった台湾へ行くことになり

＜オプションツアー＞

日中のバスツアーとは別に夜のオプショナルツアーもお申込み可能です。
金額は下記のとおりです。

オプショナルツアー料金一

	料金（円）
1日目	5960
2日目	8800
両日	14760

完成例ファイル　練習7-3（完成）

付録1 タイピングの練習をしよう

パソコンのさまざまな機能やアプリをストレスなく使いこなすための第一歩として、キーボードを正確かつスピーディーに打てるようになることが大切です。最初はゆっくりでもいいので、キーボード操作を上達させていきましょう。数多くのタイピング練習ソフトがありますが、ここでは、インターネット上で利用できる「e-typing」を使ってタイピング練習をしましょう。

タイピングソフト「e-typing」

e-typing（いーたいぴんぐ）とは、タイピングに関するアプリやサービスを提供するイータイピング株式会社がブラウザ上で提供するタッチタイピングサイトです。無料で初心者から上級者までさまざまなレベルにわかれたタイピングの練習サービスを提供し、タイピング練習後は、点数や苦手なキー、ミスタイピングなどが表示される便利な機能を持っています。Microsoft Edgeでe-typingにアクセスして、タイピングを練習してみましょう（インターネットの使い方は、Chapter 4で学習しています）。

1 Microsoft Edgeを起動し、e-typingのページを表示します。

❶77ページを参考にMicrosoft Edgeを起動する
❷アドレスバーに「www.e-typing.ne.jp」と入力する
❸ Enter キーを押す
❹「e-typing」のサイトが表示される
❺腕試しレベルチェックの［今すぐチェック］ボタンをクリックする

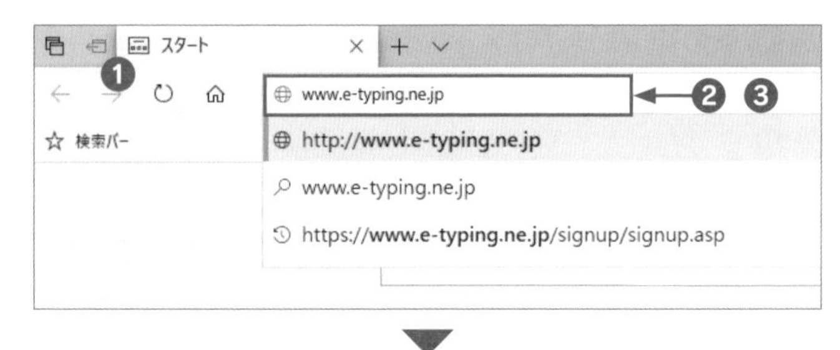

2 腕試しレベルチェックに進みます。

❶［今すぐチェック］ボタンをクリックする
❷［スタート］ボタンをクリックする

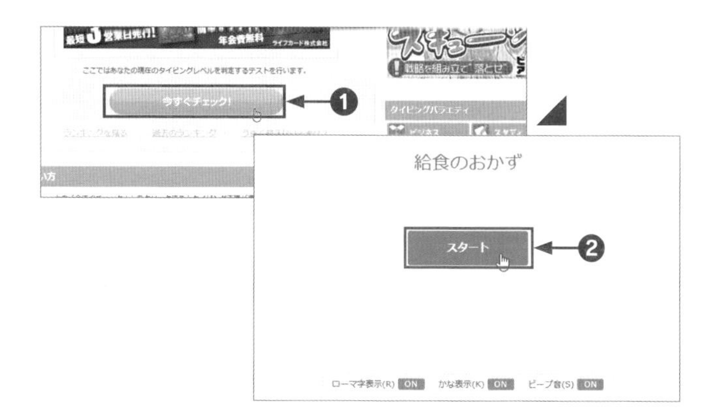

3 タイピングを開始します。

❶タイピング画面が表示されるので スペース キーを押す
❷練習を開始する

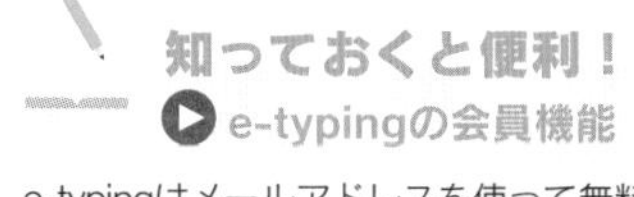

e-typingはメールアドレスを使って無料で登録することができます。登録すると、練習したスコアを記憶することができ、日々の上達の様子や苦手な点をじっくりと観察・分析しながら取り組むことができます。会員専用のタイピングメニューなども用意されています。

タイピング画面の構成と練習方法

タイピング練習には、毎回違う語句が表示されます。

❶ 入力する語句が表示されます。下の行にローマ字が表示されています。
❷ 入力するキーがオレンジ色で強調されます。ここで入力する文章は「グリンピース」ですので、最初に押すべきGキーが強調されています。Gキーを押すと、次のUキーが強調されます。
❸ キーを押すときに使う指が強調されています。ここではGキーを押したいので、左手の人差し指が強調されます。押した後はUキーを押す右手の人差し指が強調されます。最初はゆっくりでも、強調された指をよく見て間違えないように押していくことが、ホームポジションを覚えることにつながり、上達の近道になります。

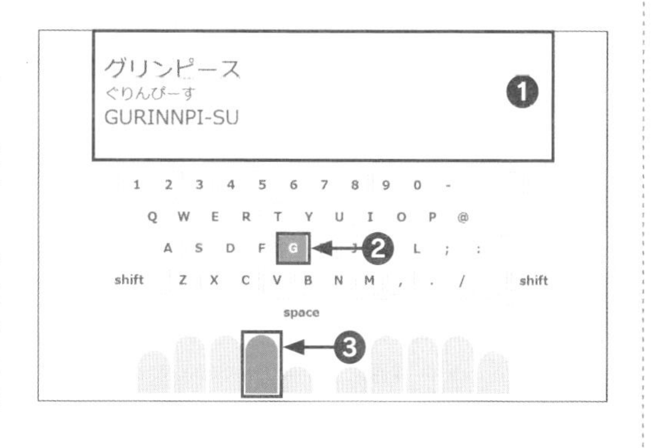

付録2 ローマ字かな対応表

	A	I	U	E	O
あ行	あ	い	う	え	お
	A	I	U	E	O
	ぁ	ぃ	ぅ	ぇ	ぉ
	LA	LI	LU	LE	LO
	XA	XI	XU	XE	XO
か行 K	か	き	く	け	こ
	KA	KI	KU	KE	KO
	きゃ	きぃ	きゅ	きぇ	きょ
	KYA	KYI	KYU	KYE	KYO
さ行 S	さ	し	す	せ	そ
	SA	SI/SHI	SU	SE	SO
	しゃ	しぃ	しゅ	しぇ	しょ
	SYA	SYI	SYU	SYE	SYO
	SHA		SHU	SHE	SHO
た行 T	た	ち	つ	て	と
	TA	TI	TU	TE	TO
			TSU		
			っ		
			LTU		
			XTU		
	ちゃ	ちぃ	ちゅ	ちぇ	ちょ
	TYA	TYI	TYU	TYE	TYO
	CYA	CYI	CYU	CYE	CYO
	CHA		CHU	CHE	CHO
	てゃ	てぃ	てゅ	てぇ	てょ
	THA	THI	THU	THE	THO
な行 N	な	に	ぬ	ね	の
	NA	NI	NU	NE	NO
	にゃ	にぃ	にゅ	にぇ	にょ
	NYA	NYI	NYU	NYE	NYO
は行 H	は	ひ	ふ	へ	ほ
	HA	HI	HU	HE	HO
			FU		
	ひゃ	ひぃ	ひゅ	ひぇ	ひょ
	HYA	HYI	HYU	HYE	HYO
	ふぁ	ふぃ		ふぇ	ふぉ
	FA	FI		FE	FO
ま行 M	ま	み	む	め	も
	MA	MI	MU	ME	MO
	みゃ	みぃ	みゅ	みぇ	みょ
	MYA	MYI	MYU	MYE	MYO

	A	I	U	E	O
や行 Y	や	い	ゆ	いぇ	よ
	YA	YI	YU	YE	YO
	ゃ	ぃ	ゅ	ぇ	ょ
	LYA	LYI	LYU	LYE	LYO
ら行 R	ら	り	る	れ	ろ
	RA	RI	RU	RE	RO
	りゃ	りぃ	りゅ	りぇ	りょ
	RYA	RYI	RYU	RYE	RYO
わ行 W	わ	うぃ	う	うぇ	を
	WA	WI	WU	WE	WO
が行 G	が	ぎ	ぐ	げ	ご
	GA	GI	GU	GE	GO
	ぎゃ	ぎぃ	ぎゅ	ぎぇ	ぎょ
	GYA	GYI	GYU	GYE	GYO
ざ行 Z	ざ	じ	ず	ぜ	ぞ
	ZA	ZI	ZU	ZE	ZO
		JI			
	じゃ	じぃ	じゅ	じぇ	じょ
	ZYA	ZYI	ZYU	ZYE	ZYO
	JA		JU	JE	JO
だ行 D	だ	ぢ	づ	で	ど
	DA	DI	DU	DE	DO
	ぢゃ	ぢぃ	ぢゅ	ぢぇ	ぢょ
	DYA	DYI	DYU	DYE	DYO
	でゃ	でぃ	でゅ	でぇ	でょ
	DHA	DHI	DHU	DHE	DHO
ば行 B	ば	び	ぶ	べ	ぼ
	BA	BI	BU	BE	BO
	びゃ	びぃ	びゅ	びぇ	びょ
	BYA	BYI	BYU	BYE	BYO
ぱ行 P	ぱ	ぴ	ぷ	ぺ	ぽ
	PA	PI	PU	PE	PO
	ぴゃ	ぴぃ	ぴゅ	ぴぇ	ぴょ
	PYA	PYI	PYU	PYE	PYO
V	ヴぁ	ヴぃ	ヴ	ヴぇ	ヴぉ
	VA	VI	VU	VE	VO

その他	うぉ	くぁ	くぉ	ぐぁ
	WHO	KWA	QO	GWA
	つぁ	とぅ	どぅ	ん
	TSA	TWU	DWU	NN

索引

英字

あ・か行

さ・た行

な・は行

ま・ら・わ行

著者プロフィール

川上 恭子（かわかみ きょうこ）

総合電機メーカーでのインストラクターや新人教育の講師から専門学校教員を経て、現在はIT関連の書籍や雑誌等の執筆業務、企業研修の企画や運営など、教育全般に関わる内容を総合的にプロデュースする株式会社イーミントラーニングの代表を務める。ユーザー教育の現場経験を生かしたライティングに定評があり、誰にでもわかり易く表現することを得意とする。人材育成ニーズを的確に捉えた研修やeラーニングのコンテンツ制作、Webサイト構築などに携わる。また、「知的好奇心を引き出す」をキーワードに、大学や専門学校で講義を展開している。

岩垣 悠（いわがき はるか）

旅行会社のWeb担当を経た後、大手総合ITベンダー企業のWeb部門でWebディレクションを担当。その後フリーランスでWeb制作業界の一線で活躍。そのかたわらで「人に伝えること」に喜びと興味を持ち、都内の区事業として高齢者のためのパソコン教室を企画・立ち上げ、講師を担当。生徒は、年齢は5歳～100歳まで、国籍は15以上と、「だれでもどんな人にでもパソコンの楽しさを伝えます！」をモットーとする。現在はネットマーケティングに関する講演や、大学やカルチャースクールでパソコンの基礎からWeb制作・ディレクションなど幅広い内容を教える。

カバー・本文デザイン
松崎 徹郎／谷山 愛（有限会社エレメネッツ）
カバーイラスト　土谷 尚武
本文イラスト　土谷 尚武、小川 智矢
本文DTP　田中 望（Hope Company）
協力　土岐 順子、佐藤 薫

ベテラン講師がつくりました
世界一わかりやすい
パソコン入門テキスト
Windows 10 + Office 2019/2016対応版

2020年 2月 7日 初版 第1刷発行

著　者　川上 恭子、岩垣 悠
発行者　片岡 巌
発行所　株式会社技術評論社
東京都新宿区市谷左内町21-13
電話　03-3513-6150　販売促進部
03-3513-6166　書籍編集部
印刷／製本　株式会社加藤文明社

定価はカバーに表示してあります

本書の一部または全部を著作権法の定める範囲を越え、無断で複写、複製、転載、テープ化、ファイルに落とすことを禁じます。

©2020 株式会社イーミントラーニング

造本には細心の注意を払っておりますが、万一、乱丁（ページの乱れ）や落丁（ページの抜け）がございましたら、小社販売促進部までお送りください。送料小社負担にてお取り替えいたします。

ISBN978-4-297-11041-3　C3055
Printed in Japan

お問い合わせに関しまして

本書に関するご質問については、本書に記載されている内容に関するもののみとさせていただきます。本書の内容を超えるものや、本書の内容と関係のないご質問につきましては、一切お答えできませんので、あらかじめご了承ください。また、電話でのご質問は受け付けておりませんので、ウェブの質問フォームにてお送りください。FAXまたは書面でも受け付けております。

お送りいただいたご質問には、できる限り迅速にお答えできるよう努力いたしておりますが、場合によってはお答えするまでに時間がかかることがあります。また、回答の期日をご指定なさっても、ご希望にお応えできるとは限りません。

ご質問の際に記載いただいた個人情報は質問の返答以外の目的には使用いたしません。また、質問の返答後は速やかに削除させていただきます。

● 質問フォームのURL

https://gihyo.jp/book/2020/978-4-297-11041-3

※本書内容の修正・訂正・補足についても上記URLにて行います。

● FAXまたは書面の宛先

〒162-0846
東京都新宿区市谷左内町21-13
株式会社技術評論社　書籍編集部
「世界一わかりやすいパソコン入門テキスト」係
FAX：03-3513-6183